Maria Beatriz Felgar de Toledo
Diego Zuquim Guimarães Garcia
Itana Maria de Souza Gimenes
Marcelo Fantinato
Wilson Akio Higashino
Gabriel Costa Silva

SISTEMAS DE GESTÃO DE PROCESSOS DE NEGÓCIO E A TECNOLOGIA DE SERVIÇOS WEB

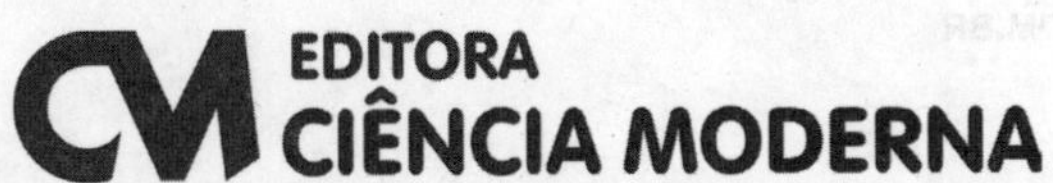

Editor: Paulo André P. Marques
Produção Editorial: Aline Vieira Marques
Assistente Editorial: Lorena Fernandes
Capa: Carlos Arthur Candal
Diagramação: Abreu's System
Copidesque: Kelly Cristina da Silva

FICHA CATALOGRÁFICA

TOLEDO, Maria Beatriz Felgar de; GARCIA, Diego Zuquim Guimarães; GIMENES, Itana Maria de Souza; FANTINATO, Marcelo; HIGASHINO, Wilson Akio; SILVA, Gabriel Costa.

Sistemas de Gestão de Processos de Negócio e a Tecnologia de Serviços Web

Rio de Janeiro: Editora Ciência Moderna Ltda., 2013.

1. Programação de Computador – Programas e Dados 2. Ciência da Computação
I — Título

ISBN: 978-85-399-0395-5 CDD 005
004

Editora Ciência Moderna Ltda.
R. Alice Figueiredo, 46 – Riachuelo
Rio de Janeiro, RJ – Brasil CEP: 20.950-150
Tel: (21) 2201-6662/ Fax: (21) 2201-6896
E-MAIL: LCM@LCM.COM.BR
WWW.LCM.COM.BR

05/13

SOBRE OS AUTORES

Maria Beatriz Felgar de Toledo possui graduação e mestrado em Ciência da Computação pela Universidade Estadual de Campinas e doutorado em Sistemas Distribuídos pela Lancaster University (Inglaterra) . Atualmente é professora associada na Universidade Estadual de Campinas. Tem experiência na área de Sistemas Distribuídos e interesse nos temas: Computação Orientada a Serviços, Serviços Web, Web Semântica e Gestão de Processos de Negócio.

Diego Zuquim Guimarães Garcia possui graduação em Sistemas de Informação pela Pontifícia Universidade Católica de Minas Gerais, mestrado em Ciência da Computação pela Universidade Estadual de Campinas (Unicamp) e doutorado em Computação pela Unicamp e University of Western Ontario (Canadá). Atualmente é professor na Universidade Federal de Ouro Preto. Tem experiência nas áreas de Engenharia de Software e Sistemas Distribuídos e seus interesses de pesquisa incluem Computação Orientada a Serviços e Gestão de Processos de Negócio.

Itana Maria de Souza Gimenes possui bacharelado em Processamento de Dados pela Universidade Federal da Bahia, mestrado em Ciência da Computação pela Universidade Estadual de Campinas, doutorado em Computer Science pela University of York (Inglaterra) e pós-doutorado na University of Waterloo (Canadá) . Atualmente é professora titular da Universidade Estadual de Maringá. Tem experiência na área de Ciência da Computação, com ênfase em Engenharia de Software, atuando principalmente nos seguintes temas: Ambientes de Desenvolvimento de Software, Processo de Software, Workflow Management Systems, Processos de Negócios, Desenvolvimento Baseado em Componentes, Arquitetura de Software e Ferramentas de Apoio.

Marcelo Fantinato possui bacharelado em Ciência da Computação pela Universidade Estadual de Maringá, mestrado em Engenharia Elétrica e doutorado em Ciência da Computação pela Unicamp. Atualmente é professor doutor do curso de Sistemas de Informação da Escola de Artes, Ciências e Humanidades da USP. Atuou na indústria de desenvolvimento de software, Fundação CPqD (Campinas-SP, 2001-2006) e Motorola Industrial (Jaguariúna-SP, 2006-2008), como especialista de pesquisa e desenvolvimento nas áreas de teste, processo e qualidade de software. Suas principais linhas de pesquisa são: Gestão de Processos de Negócio, Computação Orientada por Serviços, Contratos Eletrônicos, Linha de Produto de Software e Teste de Software.

Wilson Akio Higashino possui bacharelado e mestrado em Ciência da Computação pela Universidade Estadual de Campinas. Atualmente é doutorando em Ciência da Computação na mesma universidade e está realizando parte de sua pesquisa na Western University (Canadá). Trabalhou mais de 8 anos em centros de pesquisa desenvolvendo sistemas distribuídos de missão crítica. Seus principais interesses são Gestão de Processos de Negócio, Computação Orientada a Serviços e Computação em Nuvem.

Gabriel Costa Silva possui graduação em Sistemas de Informação pela Universidade Paranaense, mestrado em Ciência da Computação pela Universidade Estadual de Maringá e as certificações *Sun Certified Java Associate, Sun Certified Java Programmer, Oracle Certified Professional Web Component Developer e OMG Certified UML Professional*. Atualmente é professor assistente na Universidade Tecnológica Federal do Paraná. Tem especial interesse nos temas: Gestão de Processos de Negócio, Computação Orientada a Serviços e Computação em Nuvem.

PREFÁCIO

Sistemas de Gestão de Processos de Negócio (SGPN) têm recebido maior atenção tanto da academia como da indústria. De um lado, a competição, a globalização e a necessidade de melhor atender clientes exigem que os processos de negócio das empresas sejam cada vez mais eficientes e flexíveis. Por outro lado, esses requisitos impõem novos desafios às pesquisas dessa área. Embora SGPN envolvam tanto a comunidade de Administração como a comunidade de Ciência da Computação, este livro foca nos SGPN do ponto de vista da Ciência da Computação, ou seja, das tecnologias e padrões Web que impulsionaram seu desenvolvimento. Este livro foi elaborado com base em material didático de disciplinas de pós-graduação e de trabalhos de mestrado e doutorado desenvolvidos no Instituto de Computação da Universidade Estadual de Campinas, em colaboração com o Departamento de Informática da Universidade Estadual de Maringá e a Escola de Artes, Ciências e Humanidades da Universidade de São Paulo.

O livro tem como objetivo apresentar os conceitos básicos na área, os padrões da tecnologia de serviços Web, alterações na arquitetura orientada a serviços para apoiar qualidade de serviço (QoS) e contratos eletrônicos, e um estudo de caso que pode auxiliar os iniciantes em SGPN e na tecnologia de serviços Web. Além disso, é apresentada uma vasta bibliografia dos assuntos expostos, que pode ser um ponto de partida para pesquisas nessa área.

O capítulo inicial apresenta os conceitos básicos e o ciclo de vida de processos de negócio. O Capítulo 2 trata da modelagem de processos, discutindo algumas notações e linguagens disponíveis, incluindo redes de Petri, UML e, principalmente, BPMN; além disso, apresenta algumas das vantagens e desvantagens de BPMN, justificando a expansão de seu uso com relação a outras notações. O Capítulo 3 discute o paradigma de computação orientada a serviço e sua implementação preferencial - os serviços Web; alguns dos principais padrões nas camadas mais básicas já são introduzidos: HTTP para transporte, XML para formato, SOAP para mensagens, WSDL e XML Schema para descrição e UDDI para publicação de serviços. O Capítulo 4 apresenta linguagens e protocolos para a execução de processos; inicialmente diferencia os conceitos de orquestração e coreografia de processos, apresenta a linguagem de execução de processos WS-BPEL, a linguagem de coreografia de processos WS-CDL, o protocolo de coordenação WS-Coordination e os protocolos de transações WS-AtomicTransaction e WS-BusinessActivity. O Capítulo 5 mostra a importância da gerência de QoS, incluindo questões tais como a especificação de QoS dos processos de negócio e a descoberta das atividades de negócio considerando os seus atributos de QoS. O Capítulo 6 apresenta os principais elementos de um contrato eletrônico, seus aspectos legais, o ciclo de vida e metamodelos de contratos, além de algumas linguagens de especificação; em seguida, um novo metamodelo é proposto e comparado com outras abordagens. O Capítulo 7 discute a Web semântica com ênfase na camada de ontologias e como as ontologias computacionais podem tornar a Gestão de Processos de Negócio mais eficiente; o capítulo termina apresentando uma aplicação de ontologia em Gestão de Processos de Negócio. O Capítulo 8 apresenta um estudo de caso incluindo sua modelagem em BPMN, e sua descrição em WS-BPEL e WS-CDL. Por fim, o Capítulo de conclusões encerra o livro.

SUMÁRIO

1

Introdução

NESSE CAPÍTULO, SERÃO INTRODUZIDOS os conceitos básicos de processo de negócio, gestão de processos de negócio e Sistemas de Gestão de Processos (SGPN); serão discutidos o ciclo de vida de processos e as diferenças entre SGPN e Sistemas de Gerência de Workflows (SGWfs).

1.1 Conceitos Básicos

Um processo de negócio[1] consiste de um conjunto de atividades para atingir objetivos de negócio [1]. Essas atividades envolvem pessoas, tarefas, máquinas, softwares e outros elementos de forma coordenada. Um processo de negócio transforma alguns recursos de entrada em recursos de saída com um valor agregado (Figura 1.1) a serem disponibilizados para clientes internos ou externos. Os recursos de entrada podem ser materiais, energia ou informações, por exemplo. Já os recursos de saída podem ser produtos com valor agregado, recursos de valor público ou informações. Os recursos de entrada são transformados em recursos de saída pelos recursos de transformação como equipamentos, software ou humanos mostrados na Figura 1.1.

---

1 **Do inglês** *business process.*

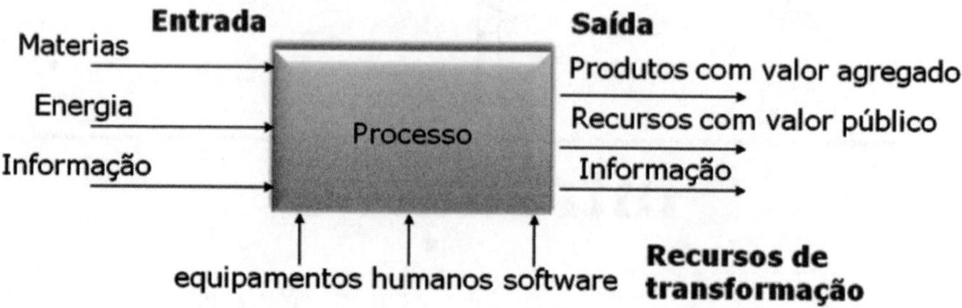

Figura 1.1: Processo de negócio e seus recursos (adaptada de [8])

Um exemplo de processo de negócio é um pedido de empréstimo de uma pessoa para uma instituição financeira, como mostrado na Figura 1.2. Esse processo consiste nas atividades abaixo:

- ❖ Análise de risco por um Aprovador e um Assessor;
- ❖ Quando o valor do empréstimo está acima de R$ 10.000,00 ou o risco do empréstimo for alto, a análise do Aprovador é obrigatória;
- ❖ Quando o valor é menor que R$ 10.000,00 e o risco é baixo, é necessária apenas a análise de um Assessor.

Nesse exemplo, o processo envolve:

- ❖ pessoas desempenhando os papéis de Assessor e Aprovador;
- ❖ um recurso de entrada que é um documento com informações sobre o cliente e o pedido de empréstimo; e
- ❖ um recurso de saída que seria a resposta positiva ou negativa de acordo com a análise de risco realizada.

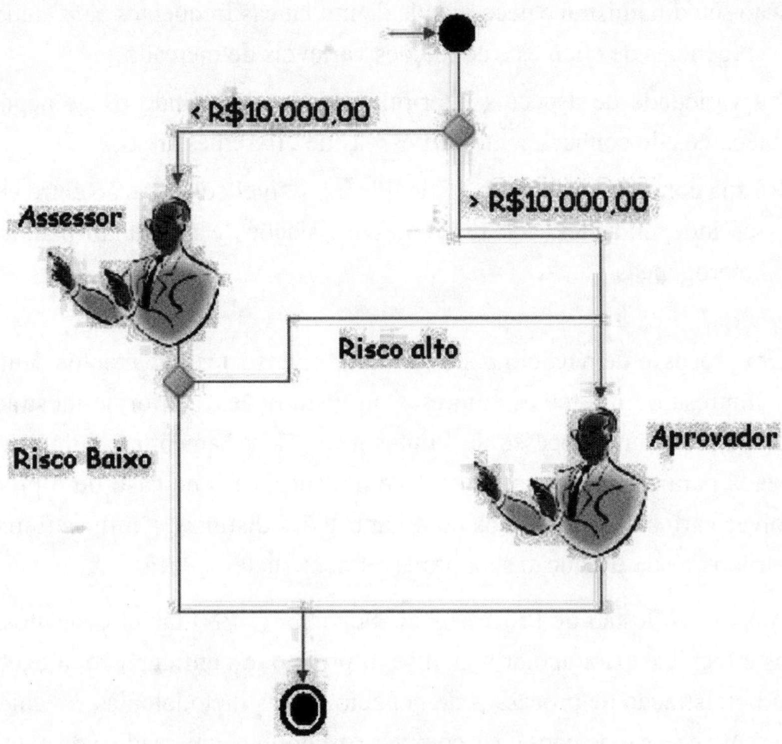

Figura 1.2: Exemplo de um processo de negócio

Processos de negócio podem ser muito complexos e de longa duração, pois envolvem muitas atividades, informações, pessoas e sistemas de software executando em plataformas heterogêneas. Essa complexidade exige que eles sejam automatizados, se não totalmente, pelo menos em parte, de forma a obter maior eficiência e confiabilidade. Embora automatizados, ainda são dependentes da inteligência e julgamento de humanos, principalmente em tarefas não estruturadas ou que exigem interação com outras pessoas. Algumas das dificuldades relacionadas com processos e sua modelagem dizem respeito:

❖ à sua pouca visibilidade, já que, em muitas empresas, os processos não são explícitos, têm pouca documentação e muitas de suas informações pertencem à história de empresa ou são de conhecimento de poucos indivíduos;

- ao seu dinamismo e necessidade de mudanças frequentes para atender às exigências de clientes e condições variáveis de mercado;
- à variedade de aspectos inter-relacionados, incluindo os de negócio e técnicos de conhecimento de pessoas de diferentes áreas;
- à sua complexidade também devido à possível colaboração entre empresas independentes, sob diferentes legislações e utilizando plataformas heterogêneas.

Um processo de negócio pode envolver diversos departamentos dentro de uma empresa ou diferentes empresas ou instituições, conforme mostrado na Figura 1.3. Se um processo se limitar a um departamento, a infraestrutura utilizada para a sua realização será homogênea, mas no caso de o processo envolver vários departamentos ou organizações distintas, a infraestrutura necessária para sua execução será provavelmente heterogênea.

A área de Gestão de Processos de Negócio[2] (GPN) inclui conceitos, métodos e técnicas para apoiar a análise, o projeto, a configuração, a execução e a administração de processos de negócio. Essas metodologias e técnicas se tornaram necessárias para lidar com vários fatores do mercado e de exigência dos consumidores de produtos e serviços. Entre eles estão:

- Aumento da competição global;
- Aumento da complexidade das empresas;
- Demanda por parte dos clientes por produtos/serviços com maior qualidade e menor preço;
- Oferecimento de produtos diferenciados;
- Exigência por parte dos atores envolvidos, como, por exemplo, acionistas, quanto à transparência nos negócios.

---

2 Do inglês *Business Process Management* (BPM).

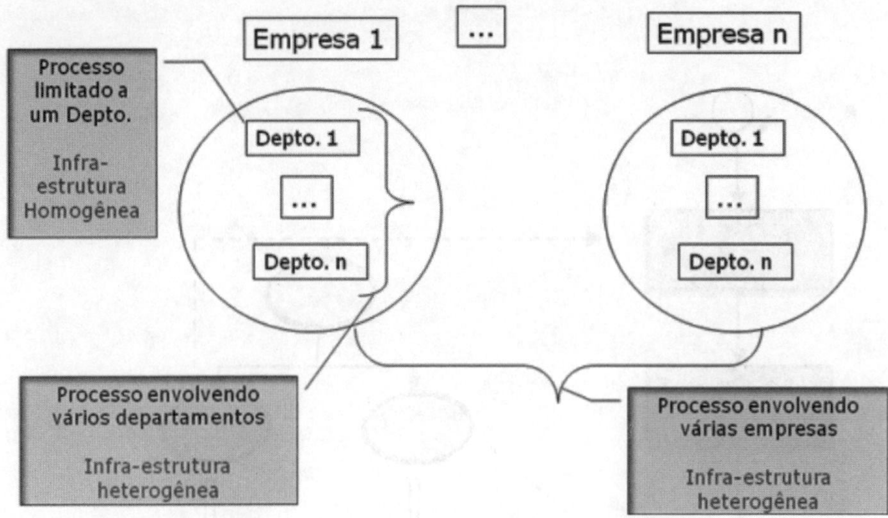

Figura 1.3: Contexto de um processo de negócio

Um Sistema de Gestão de Processos de Negócio[3] (SGPN) é um sistema de software guiado por representações de processo que coordena a execução de processos de negócio. Os elementos de um SGPN (Figura 1.4) são os seguintes:

- ❖ As *atividades* do processo de negócio (retângulos);
- ❖ O fluxo de controle *ou ordem* em que as atividades devem ser executadas;
- ❖ Os dados ou documentos que são *entrada/saída* dessas atividades;
- ❖ As funções ou papéis dos responsáveis pelas atividades (organograma). As setas tracejadas associam atividades aos papéis que devem executá-las;
- ❖ As ligações entre essas funções e os funcionários/sistemas (setas largas).

3 Do inglês *Business Process Management System* (BPMS).

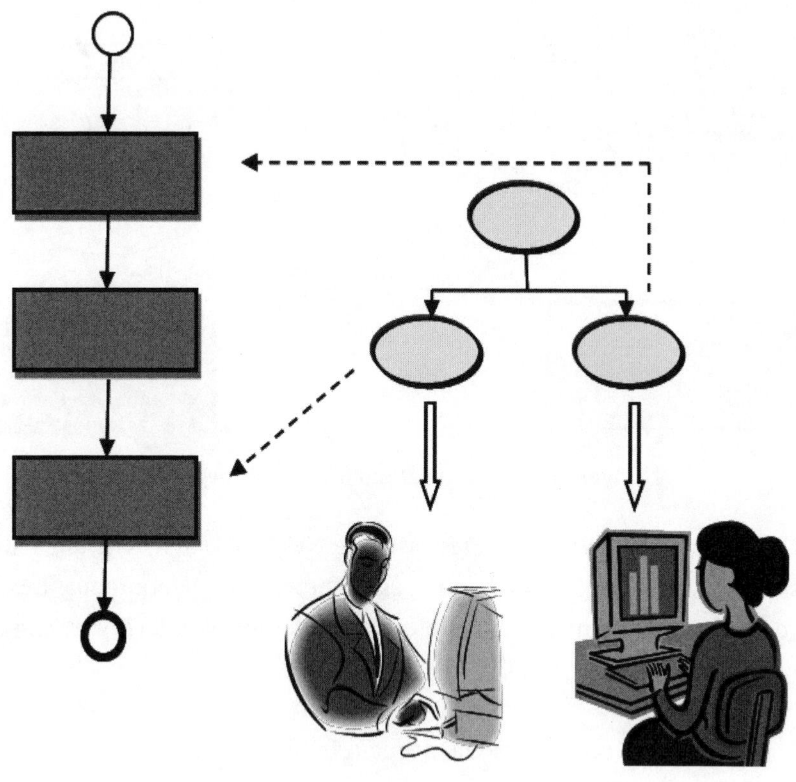

Figura 1.4: Elementos de um SGPN

1.2 Histórico da Gestão de Processos de Negócio

A gestão de processos de negócio se tornou necessária com a era industrial, na década de 1920, quando os mercados estavam em expansão. Os objetivos a serem alcançados eram a busca por eficiência e a produção em massa. Para isso, Taylor [2] propôs a gestão científica da produção, que envolve:

- análise e padronização das tarefas a serem executadas;
- seleção de trabalhadores aptos a executar tarefas;
- treinamento dos trabalhadores; e
- supervisão funcional para verificar se as operações estão sendo desenvolvidas em conformidade com as instruções programadas.

Para lidar com a competição, as empresas deveriam oferecer rapidez na produção, produtos de qualidade ou produtos mais baratos. Atender pelo menos um desses requisitos foi suficiente até a década de 1970, quando as empresas japonesas atingiram as três metas simultaneamente.

Numa segunda fase, a partir de 1990, a gestão de processos de negócio enfrentava novos desafios, incluindo o aumento da competitividade, a saturação de mercados e a demanda por produtos diversificados e com maior qualidade. Nesse contexto, o objetivo de maior produção, da fase anterior, passou para a busca de maior flexibilidade. Para atender esse novo objetivo, foi proposta a reengenharia das organizações [3], que envolvia a reorganização das empresas e o abandono de procedimentos e sistemas já estabelecidos. A aplicação da reengenharia teve sérias consequências, como a perda de capital humano e da lealdade e motivação dos empregados. Dentro dessa fase, são incluídos os Sistemas Integrados de Gestão Empresarial (SIGE)[4] e SGWf.

SIGE podem ser considerados uma proposta menos radical dentro da reengenharia em que a gestão de processos exige alterações a cada novo produto e/ou serviço a ser oferecido. Outras características importantes são:

- A integração é realizada dentro de uma única empresa;
- Negócio e lógica de processo estão dentro do código da aplicação; e
- SIGE são inflexíveis quanto a mudanças e de difícil instalação.

---

4 Do inglês *Enterprise Resource Planning* **(ERP)**.

Quanto à flexibilidade de SIGE, a frase de Doug Neal, da Computer Sciences Corporation's Research Services, indica as dificuldades das empresas que adotaram esses sistemas: "Historically, ERP solutions had all the flexibility of wet concrete before they were installed and all the flexibility of dry concrete after installation."

No caso de um Sistema de Gerência de Workflow(SGWf), processos têm uma representação formal, chamada *workflow*, e podem ser executados automaticamente. Já existe aqui a separação de negócio e lógica, mas o alto custo e ainda os problemas de integração dificultaram a difusão desses sistemas.

A terceira fase, no início dos anos 2000, está dentro de um contexto de globalização, parcerias e junções de empresas e terceirização. Os objetivos das empresas também mudaram para conseguir produtos/serviços personalizados[5], melhores serviços, agregação de serviços e produtos, cooperação entre empresas e facilidade de mudanças em processos. A necessidade de mudanças rápidas nos processos é decorrente das mudanças frequentes do mercado, da legislação, das fusões de empresas em diferentes países e da maior seletividade dos clientes com relação aos produtos ou serviços procurados. Nesse contexto, não são suficientes rapidez, qualidade e baixo custo para competir, mas também oferecer serviços e produtos melhores e personalizados. Um dos fatores a impulsionar os SGPN para atender esses novos requisitos foram a arquitetura orientada a serviços[6] [4] e sua realização por meio da tecnologia de serviços Web [5] com seus padrões altamente difundidos.

A Tabela 1.1, a seguir, mostra as diferenças entre a segunda (primeira coluna) e terceira (segunda coluna) fases da Gestão de Processos de Negócio.

---

5 Do inglês *customized.*

6 Do inglês *Service-Oriented Architecture* **(SOA).**

Tabela 1.1 Diferenças entre a segunda e terceira fase de GPN

Mercado controlado por produtor (*supply push*)	Mercado orientado para cliente (*demand pull*)
Foco em produtos	Foco em processos e clientes
Para competir: rapidez, qualidade e baixo custo	Para competir: personalização e melhores serviços
Computadores como máquinas para manipular dados	Computadores para gerência de processos
Desenvolvimento baseado em dados (Sistemas de Gerência de Banco de Dados)	Desenvolvimento baseado em processos (Sistemas de Gestão de Processos de Negócio)
Desenvolvimento por grupos de TI	Desenvolvimento envolvendo analistas de negócio, gerentes, administradores, clientes, parceiros
Desenvolvimento de aplicações	Desenvolvimento de processos de negócio
Visão tecnológica	Diferentes visões do mesmo processo para gerentes, analistas de negócio, empregados, programadores, parceiros, clientes

1.3 Ciclo de Vida de Processos

O ciclo de vida de processos de negócio (Figura 1.5) inclui as quatro fases discutidas a seguir:

❖ Projeto: inclui levantamento sobre processos, ambiente organizacional e técnico. Essa fase exige ferramentas como editores para a modelagem de processos e ferramentas para validação, simulação e verificação de propriedades de correção;

- Implantação: são incluídas no modelo de processo informações técnicas que facilitam a execução do processo pelo SGPN. Entre essas informações podemos citar as pessoas ou aplicativos que realizam as tarefas dentro do processo;
- Execução: o SGPN cria uma instância de um modelo de processo, controla sua execução e registra os dados sobre ela. São necessárias ferramentas como monitores que permitem a visualização do estado do processo, notificações a interessados como administradores e usuários, adaptação a mudanças e tratamento de exceções;
- Análise: o histórico de execução é analisado e problemas são identificados. Isso pode levar à remodelagem de processos. A análise de processos exige ferramentas para a mineração de dados sobre a sua execução.

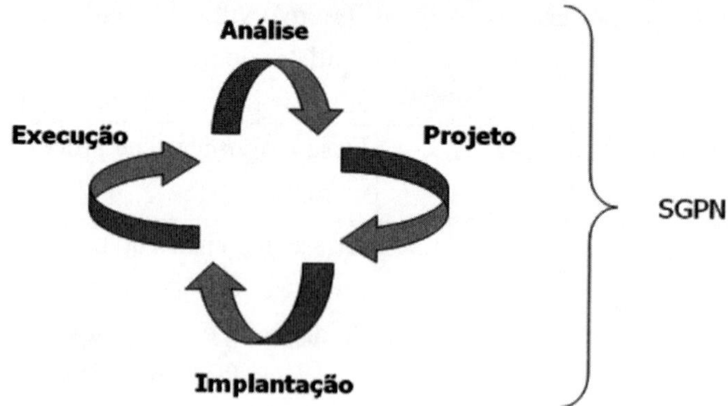

Figura 1.5: Ciclo de vida de processos

1.4 SGPN e SGWf

A Workflow Management Coalition (WfMC) no seu Modelo de Referência [6] define:

- *Workflow* como a automatização de um processo de negócio ou de suas partes, na qual documentos, informações ou tarefas são passadas de um participante para outro de acordo com um conjunto de regras;

❖ Sistema de gerência de *workflow* como um sistema de software que define, cria e gerencia a execução de *workflows* em uma ou mais máquinas de *workflow* que interpretam a definição de processo, interagem com participantes e aplicações.

Vários problemas dificultaram a adoção de WfMS em larga escala entre eles o alto custo e as limitações quanto à integração e à flexibilidade.

SGPN podem ser considerados como a convergência de várias tecnologias incluindo SGWf, a integração de aplicações empresariais[7] e a tecnologia de serviços Web [5]. Já alguns autores como Aaslt *et alii* [7] consideram SGPN como uma evolução de SGWf com o acréscimo da fase de análise/diagnóstico para facilitar a remodelagem de processos (Figura 1.6).

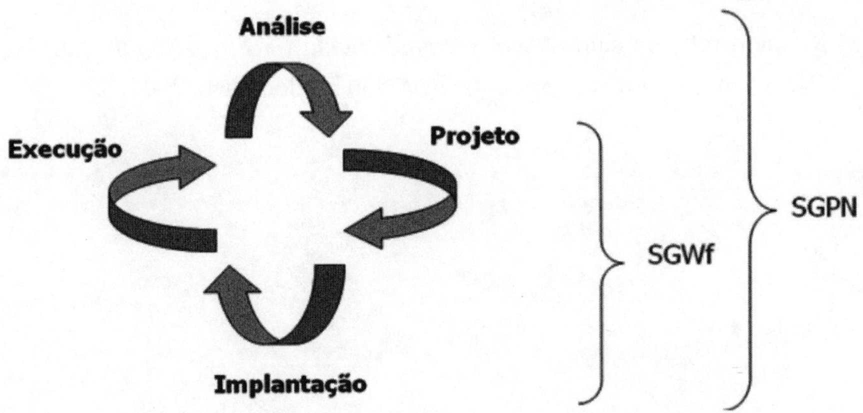

Figura 1.6: Comparação entre os ciclos de vida de SGPN e SGWf

Referências

[1] M. Weske. *Business Process Management: Concepts, Languages, Architectures*. Berlim: Springer, 2007.

[2] F. Taylor. *Princípios da Administração Científica*. São Paulo: Atlas, 1995.

7Do inglês *Enterprise Application Integration* (EAI).

[3] M. Hammer; J. Champy. *Reengineering the Corporation: A Manifesto for Business Revolution*. Nova Iorque: Harper Business Books, 1993.

[4] Mike P. Papazoglou; Paolo Traverso; Schahram Dustdar; Frank Leymann. "Service-Oriented Computing: a Research Roadmap". *Int. J. Cooperative Inf. Syst. 17Int. J. Cooperative Inf. Syst.* 17(2): 223-255, 2008.

[5] G. Alonso *et alii*. *Web Services: Concepts, Architectures and Applications*. Berlim: Springer, 2004.

[6] Workflow Management Coalition (WfMC)Reference Model, disponível em http://www.wfmc.org/reference-model.html,1995.

[7] Wil M. P. van der Aalst. Arthur H. M. ter Hofstede; Mathias Weske. "Business Process Management: A Survey". *Business Process Management* 2003: 1-12.

[8] Roquemar L. Baldam et *alii*. *Gerenciamento de Processos de Negócio BPM – Business Process Management*. São Paulo: Érica, 2007.

2

Modelagem de Processos de Negócio

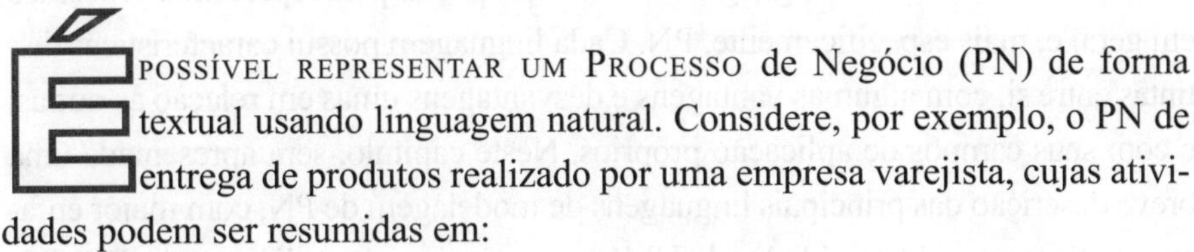

É POSSÍVEL REPRESENTAR UM PROCESSO de Negócio (PN) de forma textual usando linguagem natural. Considere, por exemplo, o PN de entrega de produtos realizado por uma empresa varejista, cujas atividades podem ser resumidas em:

1. receber pedido;
2. verificar disponibilidade de estoque;
3. preparar entrega;
4. enviar produto para a transportadora.

No entanto, uma descrição textual, como no exemplo descrito acima, possui algumas desvantagens, tais como:

(i) não permite a especificação de padrões repetíveis de atividades, como o recebimento/envio de mensagens;

(ii) dificulta a representação de caminhos alternativos, como atividades que devem ser executadas caso um produto não esteja disponível no estoque;

(iii) limitar sua automação por um Sistema de Gestão de Processos de Negócio (SGPN);

(iv) poder causar interpretações incorretas aos envolvidos no PN devido à subjetividade do texto.

Uma forma mais adequada e eficiente de representar um PN é usar modelos que possuam uma representação gráfica clara, permitindo uma derivação objetiva de sua semântica. Tais modelos são usados com o objetivo de facilitar a visualização e o entendimento de um PN por todos os envolvidos, criando um vocabulário comum entre eles. Cada elemento gráfico possui sintaxe e semântica bem definidos para expressar atividades, eventos ou desvios do PN.

Diferentes notações e linguagens têm sido propostas para representar processos em geral e, mais especificamente, PN. Cada linguagem possui características distintas entre si, com algumas vantagens e desvantagens umas em relação às outras, e com seus campos de aplicação próprios. Neste capítulo, será apresentada uma breve descrição das principais linguagens de modelagem de PN, com maior ênfase em Diagramas de Atividades da UML e principalmente na linguagem BPMN.

2.1. Minimizando a Complexidade

Para tratar a complexidade envolvida, existem recursos tais como diferentes níveis de abstração e decomposição funcional que podem ser aplicadas na modelagem de PN, as quais serão apresentadas a seguir.

2.1.1. Abstrações

O conceito de abstração está relacionado às diferentes maneiras utilizadas para criar modelos de PN. Existem diferentes formas de se tratar o conceito de abstração, duas delas são a abstração horizontal e a abstração vertical [1].

A abstração horizontal, representada na Figura 2.1, realiza separações em diferentes níveis do modelo. Para esse tipo de abstração, um `metamodelo` é usado para definir elementos de um modelo de PN e suas regras semânticas. Uma `notação`, baseada em um metamodelo, é usada para criar um `modelo` que descreverá o PN usando uma determinada sintaxe. Pode existir mais de uma notação baseada em um mesmo metamodelo. Um modelo permite a criação de várias `instâncias` de um PN. Uma instância de PN é a representação de um caso concreto, análogo ao conceito de classes e instâncias no paradigma da orientação a objetos.

Figura 2.1: Elementos da abstração horizontal (adaptada de Weske [1])

A Figura 2.2 apresenta um exemplo de metamodelo de PN. Segundo o metamodelo, um `Processo de Negócio` é composto por atividades. Essas `atividades` podem ser de três tipos:

(i) `Atividades de sistema`: não envolvem interação humana e podem ser executadas por sistemas de informação, como o processamento de uma informação ou o envio de uma mensagem eletrônica;

(ii) `Atividades manuais`: não são apoiadas por sistemas de informação, como embrulhar um produto ou dirigir um caminhão;

(iii) `Atividades de interação com o usuário`: o usuário interage com o sistema, por exemplo, inserindo informações.

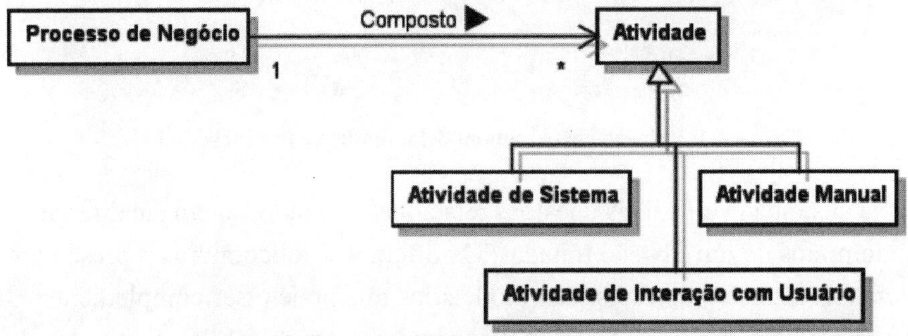

Figura 2.2: Metamodelo que descreve um PN (adaptado de Weske [1])

A Figura 2.3 ilustra a relação entre o metamodelo de PN, um modelo usando a notação BPMN (a ser apresentado posteriormente neste capítulo) e instâncias baseadas neste modelo. O PN consiste na entrega de produtos e mostra de forma gráfica o PN apresentado no início deste capítulo de forma textual. `Receber pedido`, por exemplo, é uma atividade de sistema, pois processa um pedido on-line. `Enviar produto para transportadora`, por sua vez, é uma atividade manual, visto que um funcionário entregará um determinado pacote para uma transportadora contratada. Quando esse PN é colocado em execução, são criadas instâncias do modelo. Assim, essas atividades serão executadas para cada produto que deve ser entregue.

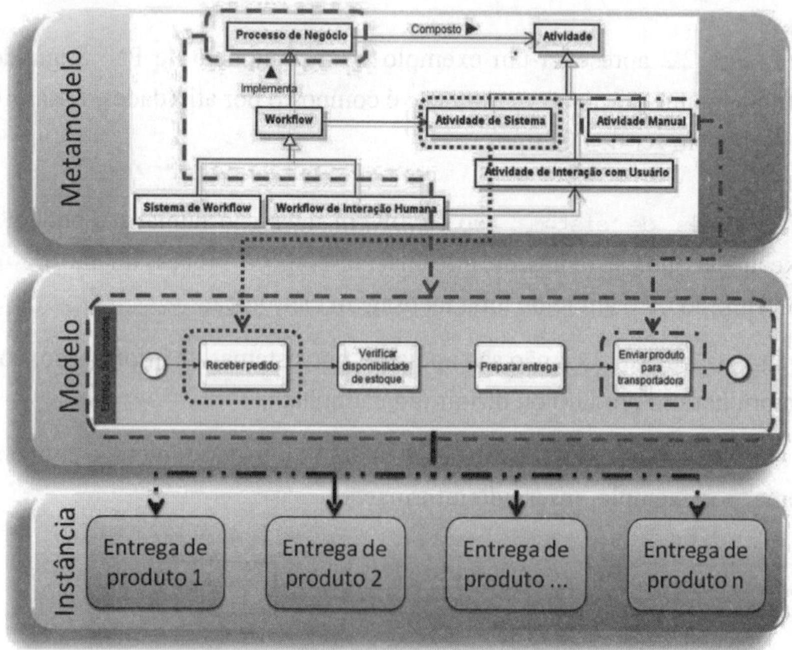

Figura 2.3: Relação entre metamodelo, modelo e instância de PN

Na abstração vertical, as questões relacionadas à modelagem em diferentes subdomínios de um PN são tratadas. Os diferentes subdomínios representam diferentes aspectos do PN sendo modelados que podem ser complementares para representar todas as características importantes de tal PN. Exemplos de subdomínios são apresentados na Figura 2.4 e descritos a seguir:

(i) Modelo funcional: que representa a sequência de atividades o PN em diferentes níveis de granularidade;

(ii) Modelo de dados: que representa os dados envolvidos no PN;

(iii) Modelo organizacional: que representa a estrutura organizacional da empresa que realiza o PN;

(iv) Modelo operacional: que trata da implementação do PN.

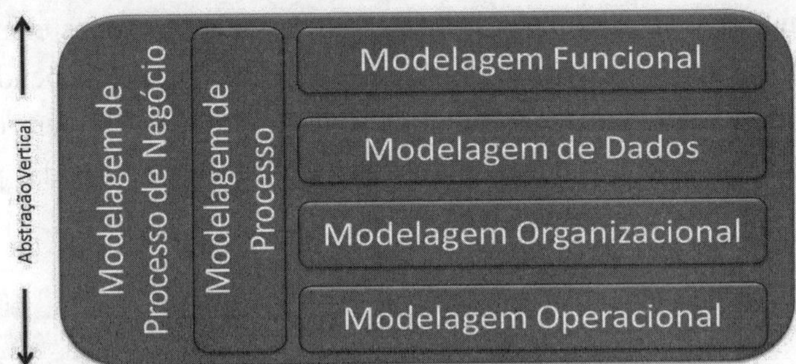

Figura 2.4: Elementos da abstração vertical (adaptada de Weske [1])

2.1.2. Decomposição Funcional

A decomposição funcional mostra os diferentes níveis de granularidade de um PN. Ela pode ser vista como uma forma de agregação, na qual atividades de granularidade maior agregam atividades de granularidade menor. No processo de decomposição funcional, podem ser usadas diferentes representações para os elementos envolvidos. A Figura 2.5 ilustra a decomposição funcional de um PN. No nível de maior granularidade há o `sistema de valor`, no qual as organizações colaboram para a realização de um negócio. Cada organização possui sua `cadeia de valor`, que são as fases pelas quais seu produto passa desde a concepção até sua morte. Para que cada fase do ciclo de vida do produto seja corretamente gerenciada, é comum que as organizações dividam as responsabilidades em `funções de negócio`. Uma função de negócio representa desde um departamento (em um nível mais alto) até um conjunto de ações que podem ser encapsuladas em um `processo de negócio` (no nível mais baixo). A partir desse nível, é possível formar PN que realizam um conjunto de atividades de negócio. Por fim, a implementação das atividades pode então ser realizada por componentes de um sistema.

2.2. Notações e Linguagens

Historicamente, diferentes linguagens e notações têm sido propostas para a modelagem de PN. Cada uma dessas propostas possui diferentes características, como ser mais ou menos formal, possuir mais ou menos elementos de modelagem e ser de propósito geral ou específico. Assim, dependendo dos objetivos de cada organização, alguma notação para modelagem específica deve ser selecionada. A seguir, uma visão geral sobre algumas das principais linguagens propostas é apresentada.

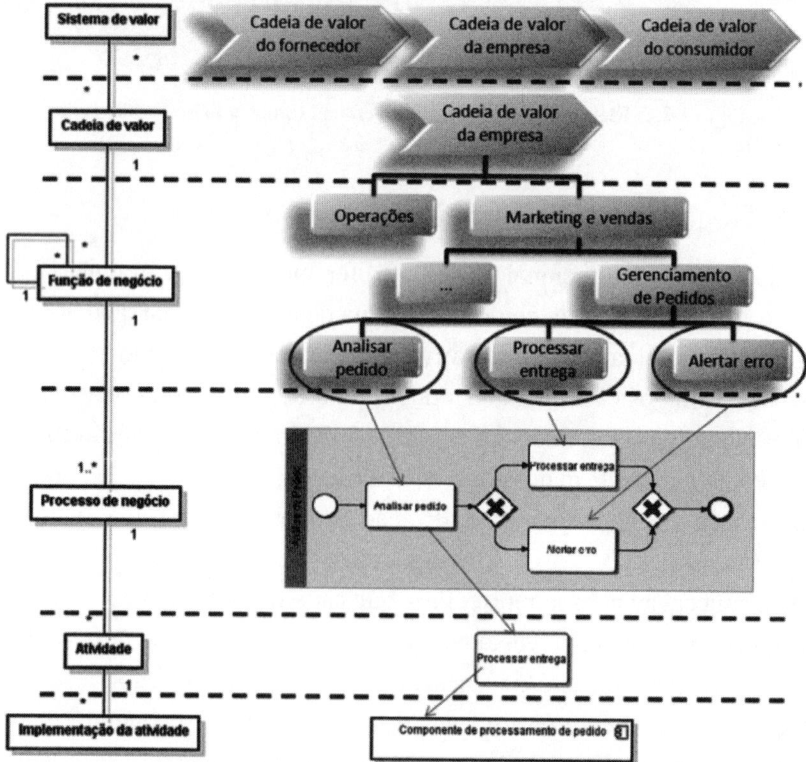

Figura 2.5: Exemplo de decomposição funcional (adaptada de Weske [1])

2.2.1. Redes de Petri

Redes de Petri descrevem modelos bem definidos e sem ambiguidade, baseados em fundamentos matemáticos, que podem ser usados para a modelagem de PN, embora não tenham sido criadas para isso [2]. Ela é composta por posições (círculos), transições (retângulos) e arcos, também chamados de relações de fluxo, que conectam as posições e transições formando um grafo bipartido. Existem diferentes classes de Redes de Petri e, portanto, a representação gráfica dos elementos pode divergir.

Cada transição possui uma posição de entrada e outra de saída. A dinâmica é controlada por *tokens* (pontos em preto dentro da posição), cujo posicionamento é controlado por um conjunto de regras de execução. No uso de Redes de Petri para a modelagem de PN, cada transição pode representar uma atividade em um PN, enquanto as posições e as relações de fluxo podem caracterizar a execução das restrições das atividades. A Figura 2.6 ilustra um PN para processamento e entrega de um pedido usando Redes de Petri.

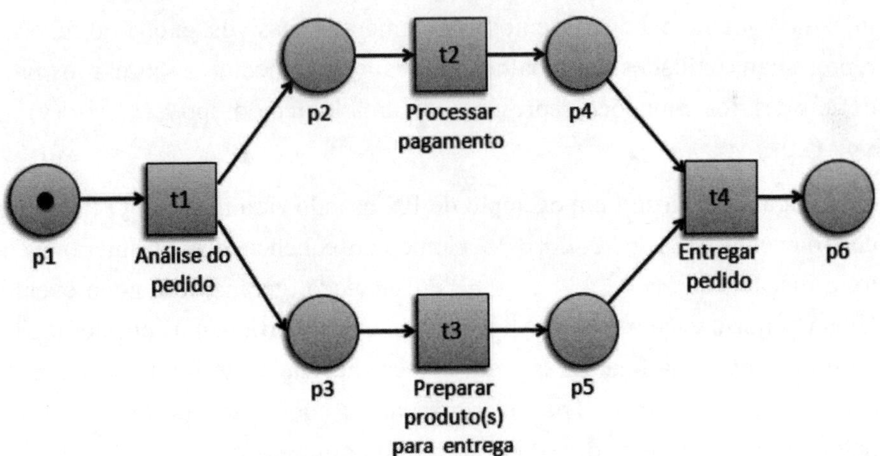

Figura 2.6: Exemplo de PN modelado com Redes de Petri

As transições t1, t2, t3 e t4 correspondem às atividades do PN. O PN é iniciado quando o *token* é inserido na posição p1. Uma vez que a atividade `Análise do pedido` tenha sido executada, o *token* é removido de p1 e inserido, simultaneamente, em p2 e p3, iniciando de forma concorrente as atividades

Processar pagamento e Preparar produto(s) para entrega. Quando ambas as transições t2 e t3 tiverem sido completadas, o *token* de p2 é movido para p4 e o *token* de p3 é movido para p5, permitindo a execução da transição t4. A transição t4 representa a atividade Entregar pedido. O processo termina quando o *token* for colocado na posição p6.

2.2.1. Cadeias de Processo Dirigidas a Eventos

As cadeias de processo dirigidas a eventos (*Event-driven process chains* - EDP) são notações que foram desenvolvidas no contexto do framework ARIS e têm sido usadas por muitas organizações para modelar, analisar e redesenhar PN [3]. Segundo Tsai *et al* [4], o maior benefício dessas notações é sua simplicidade e facilidade de entendimento pelos envolvidos em PN. Os principais blocos de construção são: evento (hexágono), função (retângulo com bordas arredondadas), conector (círculo) e controle de fluxo (linha com seta preenchida). Sua dinâmica de execução é baseada em eventos que disparam funções, que por sua vez geram novos eventos. Um processo é iniciado com um evento. Eventos são elementos passivos, enquanto funções representam unidades de trabalho (atividades). Conectores são usados para definir desvios e junções, representando uma lógica do tipo e (^), ou (v) ou xor (XOR).

A Figura 2.7 ilustra um exemplo de PN usando essa notação. O PN inicia com o evento Pedido recebido. Como consequência desse primeiro evento, a função Análise do pedido é executada, gerando um novo evento. Uma vez que o evento Pedido aprovado tenha ocorrido, um conector lógico do tipo e relaciona funções que devem ser executadas de forma concorrente (Preparar produto(s)para entrega e Processar pagamento). Finalmente, os eventos Pacote pronto e Processamento concluído disparam a função Entregar pedido. O último evento indica o término do PN.

2.2.3. Redes de Workflow

Redes de Workflow constituem uma classe específica de Redes de Petri adequadas para expressar modelos de PN [5]. Assim como Redes de Petri, essa abordagem tem foco no fluxo de controle comportamental do processo. No entanto, ela fornece mecanismos avançados para a modelagem de PN que permitem representar processos mais complexos. Entre as principais diferenças estão o uso de rótulos nas transições e estereótipos para definir desvios e junções.

A Figura 2.8 mostra um PN para instalação de serviço de telefonia fixa usando essa abordagem. O PN é iniciado na posição `i` e termina na posição `o`. A primeira atividade é o recebimento da solicitação. A atividade seguinte envolve a análise de uma condição do tipo `xor`, portanto, apenas uma das posições seguintes será executada. Caso não existam restrições de crédito, é dado prosseguimento à instalação. Caso contrário, o cliente é alertado.

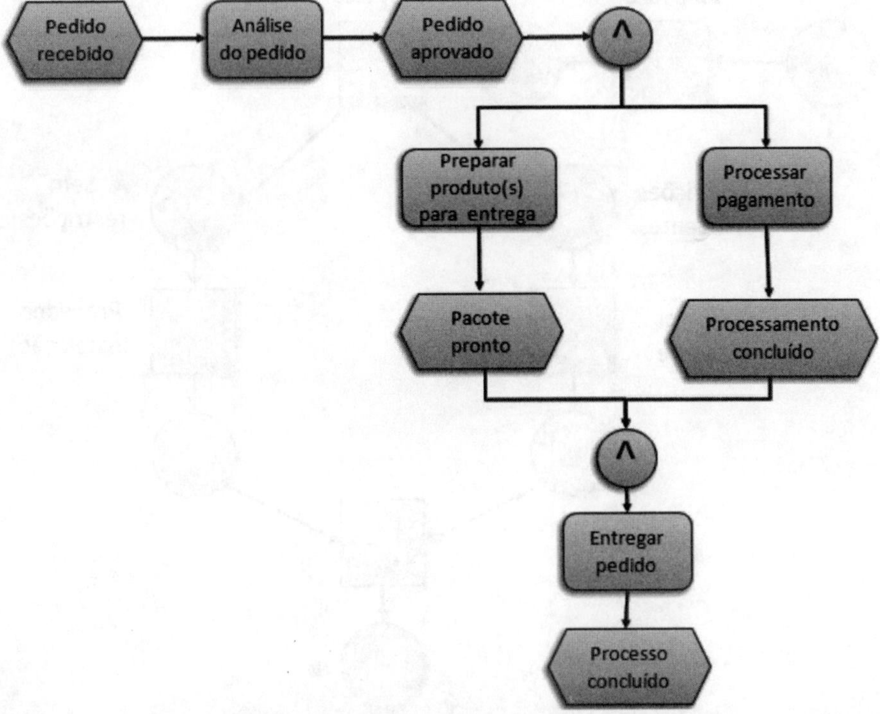

Figura 2.7: Exemplo de PN modelado com EDP

2.2.4. Yet Another Workflow Language

A linguagem YAWL (Yet Another Workflow Language) é baseada na linguagem apresentada na seção anterior [6]. Essa abordagem foi proposta para cobrir suas limitações em relação ao fraco suporte direto dado a padrões de fluxo de controle. Entre as principais características da linguagem YAWL estão a semântica de execução especificada por sistema de transição de estados e o suporte abrangente a padrões de workflow. A YAWL não é apenas uma linguagem, mas sim um sistema que compreende uma máquina de execução e um editor gráfico licenciados por LGPL. A YAWL permite ainda a integração de serviços Web.

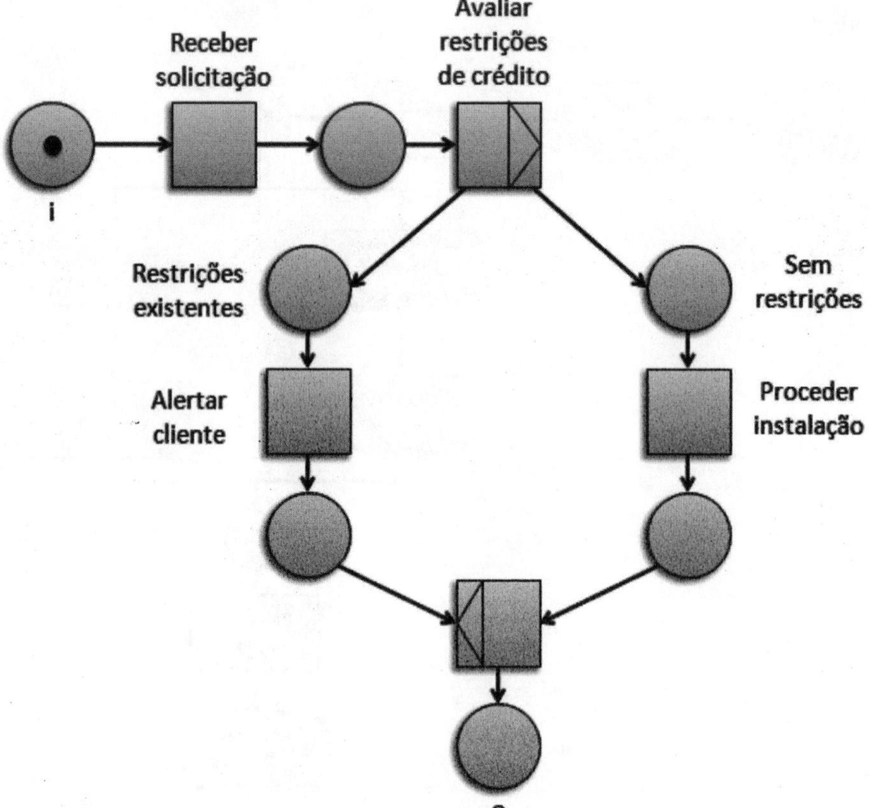

Figura 2.8: Exemplo de PN modelado com Redes de Workflow

2.2.5. Diagramas de Atividades da UML

A Linguagem de Modelagem Unificada (UML – *Unified Modeling Language*) é uma notação gráfica criada especialmente para apoiar as atividades de modelagem existentes na engenharia de software [7]. Ela foi criada, a partir de 1994, com o objetivo de unificar e padronizar diversas notações complementares existentes na época e que ofereciam apoio bem-sucedido ao desenvolvimento de software baseado em orientação a objetos. Hoje, a UML se tornou uma linguagem amplamente conhecida e usada na comunidade e na indústria de desenvolvimento de software, principalmente no desenvolvimento de sistemas de informação de propósito geral. Para esse domínio de aplicação, a UML pode ser considerada a linguagem padrão de fato do mercado. O amplo número de ferramentas, proprietárias ou abertas, que oferecem apoio automatizado a essa linguagem tem ajudado em seu extenso uso.

A primeira versão oficial da linguagem UML, 1.0, foi lançada pela OMG (Object Management Group) em 1997. A versão atual da linguagem, a 2.3, foi lançada em maio de 2010. A linguagem UML possui uma série de diagramas, usados para diferentes propósitos. Na versão 1.0 havia 9 diagramas; já na versão 2.3 há 14 diagramas. Para criar esses diagramas, há uma série de elementos que podem ser usados em um ou mais deles. Os 14 diagramas atuais são:

- ❖ Diagramas Estruturais:
  - Diagrama de Classes
  - Diagrama de Componentes
  - Diagrama de Objetos
  - Diagrama de Perfis
  - Diagrama de Estrutura Composta
  - Diagrama de Implantação
  - Diagrama de Pacotes

❖ Diagramas Comportamentais:

- Diagrama de Atividades
- Diagrama de Casos de Uso
- Diagrama de Máquina de Estados
- Diagramas de Interação:
  - ◊ Diagrama de Sequência
  - ◊ Diagrama de Comunicação
  - ◊ Diagrama de Visão Geral de Interação
  - ◊ Diagrama de Temporização

Desse conjunto de diagramas, o Diagrama de Atividades é o que pode ser usado para a modelagem de PN. Trata-se essencialmente de um gráfico de fluxo, baseado em modelos do tipo fluxograma, que modela o fluxo de controle de uma atividade para outra. Visto que a UML como um todo foi criada com o objetivo de apoiar o desenvolvimento de software, o Diagrama de Atividades é normalmente usado para modelar as etapas sequenciais em um processo computacional, em um alto nível de abstração, durante a análise de requisitos, a ser refinado posteriormente durante o projeto de software. Apesar desse objetivo específico, devido às suas características de propósito geral, os Diagramas de Atividade podem também ser usados para modelar PN, embora com algumas restrições, como a dificuldade em representar interações interorganizacionais.

Assim, para analistas de PN que também são analistas de sistema ou engenheiros de software, o uso de Diagramas de Atividades da UML pode ser uma boa alternativa para a modelagem de PN, visto que provavelmente eles já terão domínio desta linguagem.

A Figura 2.9 apresenta um exemplo de Diagrama de Atividades representando um PN similar aos já apresentados nas figuras anteriores, incluindo os principais elementos desse tipo de diagrama da UML. Um elemento importante existente nos Diagramas de Atividades, que não existem nas linguagens anteriores, e que são bastante úteis para a representação de PN são as raias (do termo em inglês *swimlanes*). Esses elementos são basicamente linhas verticais (que podem ser também horizontais) que dividem o diagrama em regiões que podem representar qualquer tipo de divisão semântica para o PN sendo modelado. No exemplo apresentado, os responsáveis por cada parte do PN são modelados: três atividades são realizadas por um sistema automatizado, uma por um assessor e outra por um aprovador. Em outros exemplos, as raias podem ser usadas para representar departamentos de uma organização, em casos de PN interdepartamentais, em que o fluxo de atividades passa por diferentes departamentos.

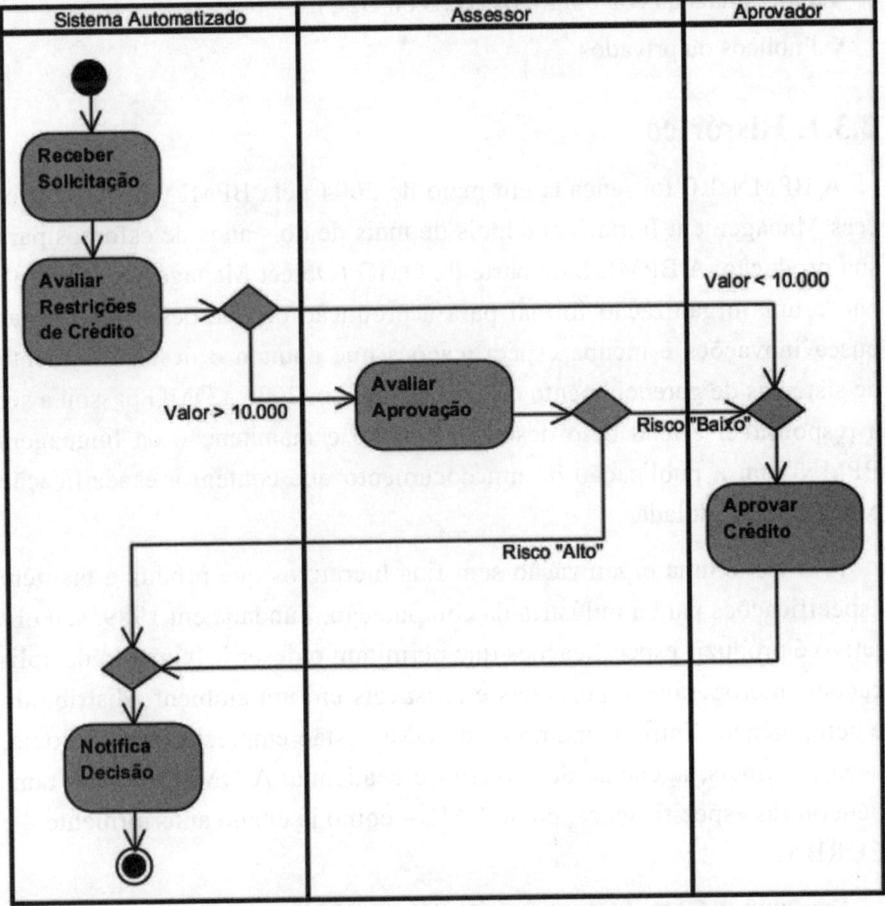

Figura 2.9: Exemplo de PN modelado com Diagrama de Atividades da UML

2.3. BPMN

A BPMN (*Business Process Model and Notation*) é um padrão para modelagem de PN [8]. Criada para ser de fácil entendimento para todos os participantes, desde analistas de negócio até desenvolvedores de software, ela permite a representação gráfica de PN com as seguintes propriedades:

- Simples ou complexos;
- Individuais ou colaborativos (B2B ou B2C);
- Públicos ou privados.

2.3.1. Histórico

A BPMN 1.0 foi lançada em maio de 2004 pela BPMI (Business Process Management Initiative) depois de mais de dois anos de esforços para sua produção. A BPMI, hoje parte da OMG (Object Management Group), não é uma organização formal para a produção de padrões – ela apenas busca inovações e incuba especificações que apoiam o desenvolvimento de sistemas de gerenciamento de PN. Assim, em 2006 a OMG passou a ser a responsável oficial pelo desenvolvimento e manutenção da linguagem BPMN com a publicação de um documento que contém a especificação oficialmente adotada.

A OMG é uma organização sem fins lucrativos que produz e mantém especificações para a indústria da computação. Fundada em 1989, seu objetivo é produzir especificações que permitam o desenvolvimento de aplicações interoperáveis, portáveis e reusáveis em um ambiente distribuído e heterogêneo. Entre os membros da OMG estão empresas de tecnologia, usuários finais, agências de governo e academia. A OMG mantém também outras especificações, como UML – como já citado anteriormente – e CORBA.

Em 2008, a OMG lançou a versão 1.1 da BPMN e, um ano mais tarde, a versão 1.2. No momento em que este livro está sendo escrito, a BPMN está na versão 2.0, beta 2. Entre as novidades dessa versão estão: (i) a formalização da semântica de execução para todos os elementos da BPMN; (ii) a resolução de inconsistências e de ambiguidades da versão 1.2; e, (iii) a definição do modelo de coreografia.Inicialmente, BPMN era um acrônimo para *Business Process Modeling Notation*. Na versão 2.0, seu nome foi levemente alterado para *Business Process Model and Notation*.

2.3.2. Principais elementos

Uma das principais características da linguagem BPMN, que é apresentada como uma de suas vantagens, é que seu conjunto de elementos é muito rico. Assim, torna-se possível modelar praticamente qualquer tipo de situação possível em PN. Outra vantagem também apresentada é que existe um conjunto de elementos básicos que pode ser usado para modelar as situações mais corriqueiras dos PN.

Os elementos fundamentais para a construção de PN na BPMN são:

❖ Eventos: representados graficamente por círculos e que definem algum acontecimento no PN;

❖ Fluxos: representados graficamente por linhas com setas e que são usados para relacionar eventos, atividades e desvios;

❖ Atividades: representadas graficamente por retângulos com cantos arredondados e que representam as unidades de trabalho (algo a ser realizado);

❖ Desvios: representados graficamente por um losango e que são usados como um roteador que define qual caminho o PN deve seguir em um dado momento.

Esses elementos são modelados em um diagrama de PN e podem ser usados para criar três tipos de modelos:

❖ Processo (orquestração);

❖ Coreografia;

❖ Colaboração.

Para ilustrar alguns desses elementos, a Figura 2.10 mostra um PN simples para a compra de um produto em um site de comércio eletrônico modelado usando a BPMN.

O PN é iniciado com um evento, mais especificamente, um evento de início. A primeira atividade é a escolha de um produto. Uma vez escolhido, o produto é adicionado à cesta de compras, o pagamento é realizado e por fim, o pedido é concluído. O fim do PN é marcado por um evento de fim. Note ainda que as atividades `Escolher produto` e `Realizar pagamento` possuem anotações, elemento não incluso na lista apresentada anteriormente. Uma anotação insere informações adicionais aos elementos de um PN. As anotações são marcadas pelo sinal '[' (abrir colchetes) e ligadas aos elementos por uma linha pontilhada.

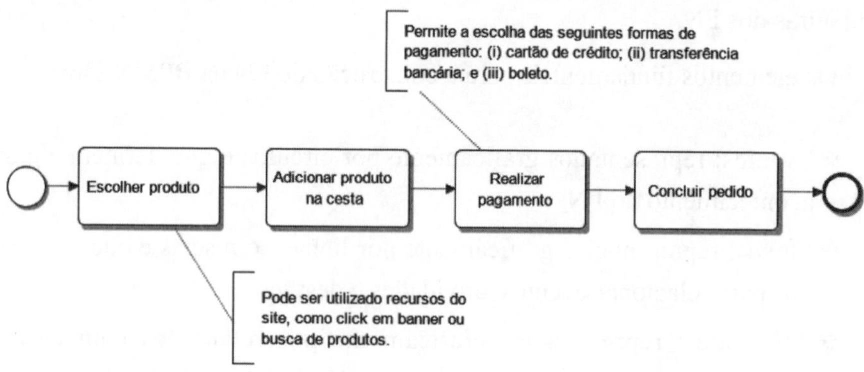

Figura 2.10: PN para compra de produto em site de comércio eletrônico

Um evento afeta a execução de um PN. Eventos são representados graficamente por um círculo e podem possuir diferentes variações dependendo do momento em que ocorrem em um PN. Um evento pode ocorrer em três momentos distintos em um PN:

- No início, representando o início do PN (círculo com bordas normais);
- No fim, determinando o fim do PN (círculo com bordas mais escuras);
- Durante o PN, quando um evento é aguardado ou disparado (círculo com borda dupla), chamado de evento intermediário.

Eventos podem ainda ter diferentes tipos. A Figura 2.11 ilustra dois diferentes tipos especiais de eventos. Na segunda linha são mostrados os eventos do tipo `mensagem`, que representam o envio ou recebimento de uma mensagem. Elessão usados para representar a comunicação entre diferentes participantes de um PN (colaboração). Na terceira linha, é mostrado o evento do tipo `temporal`, que pode representar um intervalo, um instante ou limite de tempo, como um temporizador. Ele pode ser usado para modelar a espera pela entrega de um produto, por exemplo. Observe que não existe um evento de fim do tipo temporal. Além desses, a BPMN considera ainda outros tipos de eventos, como condicionais, conectores e erros, entre outros.

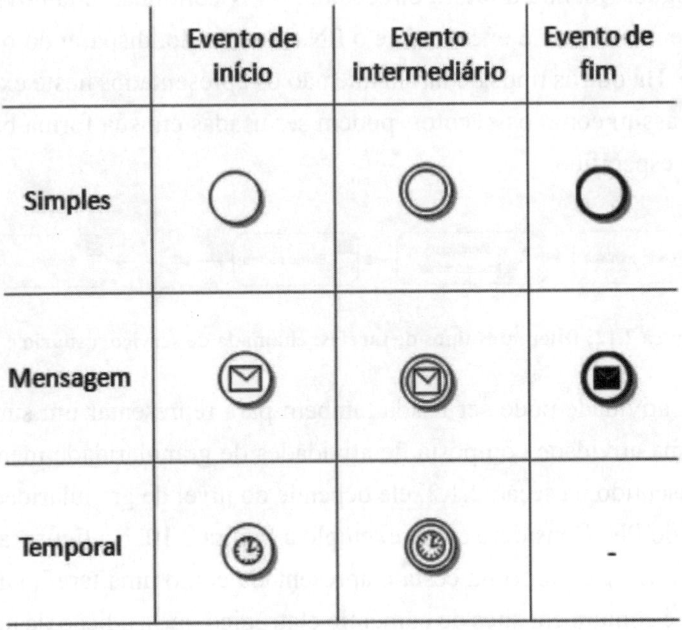

	Evento de início	Evento intermediário	Evento de fim
Simples			
Mensagem			
Temporal			-

Figura 2.11: Diferentes tipos de eventos

Na BPMN, 'atividade' é um termo genérico usado para representar algo que é realizado em um PN. Uma atividade pode ser decomposta em unidades menores, chamadas de tarefa. Uma tarefa é uma unidade de trabalho atômica. A BPMN define diferentes tipos de tarefa, cada uma define um tipo de comportamento, identificado por um pequeno ícone no canto superior esquerdo da tarefa. A Figura 2.12 mostra o PN de pedido de livros realizado por um site de comércio eletrônico ao seu fornecedor. A primeira atividade é listar os produtos em falta. Essa é uma tarefa de serviço, que pode ser realizada pela chamada de um aplicativo ou serviço Web, que verifica o estoque e emite uma lista dos produtos em falta sempre que necessário. A tarefa seguinte é a identificação de fornecedores; essa é uma tarefa manual de usuário, considerando que um usuário realizará essa tarefa manualmente, embora com o apoio de um sistema de informação. A próxima tarefa é uma tarefa de envio de mensagem com o pedido para o fornecedor. Em seguida o PN aguarda um evento de mensagem. Esse evento mantém o PN pausado até que a fatura chegue. Quando a fatura é recebida, o PN continua, uma nova tarefa de envio de mensagem é executada e o PN é concluído, disparando o evento de término. Há outros tipos de tarefa que não os apresentados neste exemplo. As tarefas, assim como os eventos, podem ser usadas em sua forma básica, sem um tipo específico.

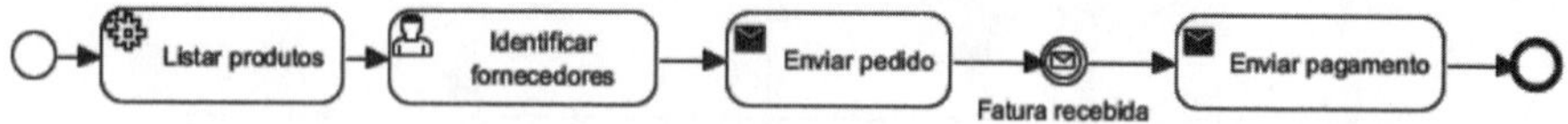

Figura 2.12; Diferentes tipos de tarefas: chamada de serviço, usuário e envio

Uma atividade pode ser usada também para representar um subprocesso, que é uma atividade composta de atividades de granularidade menor. Assim como discutido na seção 2.1.2, ele depende do nível de granularidade das atividades do PN. Considere como exemplo a Figura 2.10. Na figura, a atividade `Adicionar produto` na cesta é apresentada como uma tarefa simples. No entanto, é comum em sites de comércio eletrônico que a adição de um produto envolva também a realização de outras atividades, que caracterizam um subprocesso. A Figura 2.13 ilustra esse cenário.

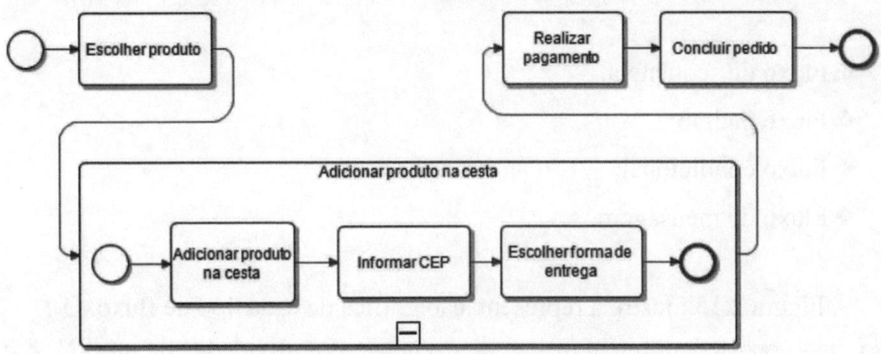

Figura 2.13: Subprocesso expandido

Na Figura 2.13, a atividade `Adicionar produto na cesta` é representada como um subprocesso. Como um PN, ela tem eventos que determinam seu início e fim. A primeira tarefa é `Adicionar produto na cesta`. Em seguida, deve ser informado o CEP do destinatário para o cálculo do frete. Por fim, deve ser escolhida a forma de entrega que, normalmente, influencia no valor do frete. Note o uso do marcador '–' na parte inferior do subprocesso. Esse marcador identifica que o subprocesso está sendo exibido de forma expandida e pode ser usado para minimizá-lo ao ser clicado por meio do apoio de uma ferramenta computacional. O mesmo subprocesso de forma condensada é ilustrado na Figura 2.14.

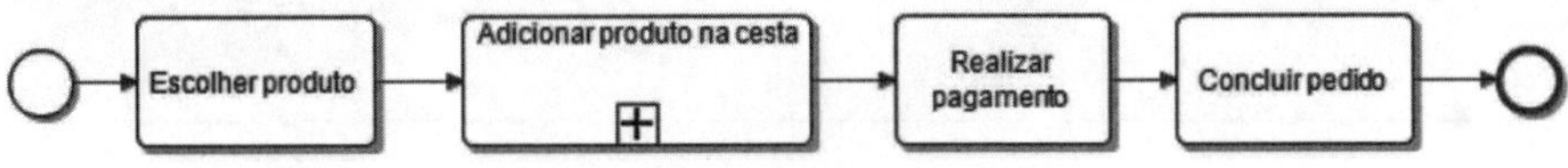

Figura 2.14: Subprocesso condensado

A BPMN define outros tipos de atividades, como transação e atividade de chamada. As atividades podem receber ainda outros marcadores, como o marcador de repetição, que define que a atividade marcada deverá ser repetida seguindo um determinado critério ou padrão.

Um fluxo conecta eventos, atividades e desvios. Existem quatro tipos:

- ❖ Fluxo de sequência;
- ❖ Fluxo padrão;
- ❖ Fluxo condicional;
- ❖ Fluxo de mensagem.

A Figura 2.15 mostra a representação gráfica de cada tipo de fluxo. O `fluxo de sequência` define a ordem de execução das atividades de um PN. É o fluxo mais comum na realização de um PN. O `fluxo padrão` é usado em conjunto com desvios. Quando todas as outras condições associadas a um desvio retornarem falso, o fluxo padrão é seguido. O `fluxo condicional` possui uma condição associada e embutida, que define se ele será seguido ou não. Por fim, o `fluxo de mensagem` é usado para relacionar atividades ou eventos de mensagem entre diferentes organizações.

Fluxo de sequência	Fluxo padrão	Fluxo condicional	Fluxo de mensagem

Figura 2.15: Tipos de fluxo que podem ser representados na BPMN

Os PN apresentados até agora nesta seção consideram apenas cenários de fluxo em sequência. No entanto, é comum que na execução de um PN diferentes caminhos possam ser adotados dependendo do resultado de uma condição. Para representar esse tipo de cenário, a BPMN usa desvios, que representam uma decisão, um ponto de divisão ou junção no fluxo do PN. Dependendo da avaliação de uma condição, o fluxo do PN é desviado para um ou outro caminho. Existem diferentes tipos de desvios, cada um com uma lógica associada. A Figura 2.16 ilustra o uso do desvio do tipo XOR ("ou" exclusivo) para um PN que analisa o crédito do cliente antes de liberar um pedido para entrega.

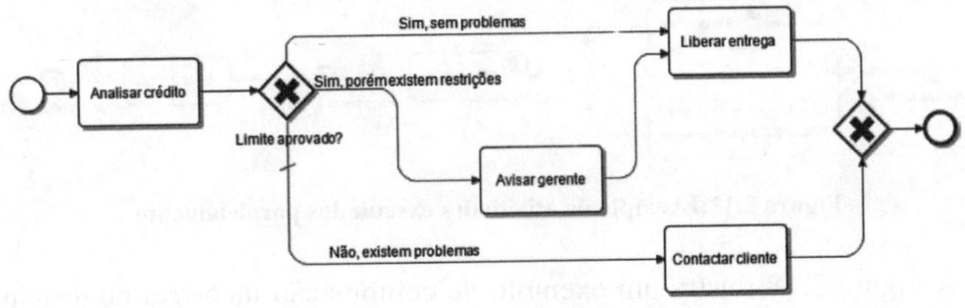

Figura 2.16:Exemplo de desvio XOR

O PN da Figura 2.16 é iniciado com a tarefa `Analisar crédito`. Dependendo de seu resultado, um caminho diferente deve serseguido. Um desvio do tipo XOR permite que apenas um caminho seja seguido. Portanto, apenas uma das três atividades na sequência deverá ser executada. Um dos fluxos é padrão, e não um fluxo de sequência. Assim, caso a condição seja avaliada como falso para os dois casos anteriores, a tarefa `Contatar cliente` será executada. A semântica do XOR é mesma para a divisão e para a junção. Sendo assim, a junção XOR (aplicada no final do PN) dará continuidade ao PN após a conclusão de apenas um dos fluxos de atividades anteriores – seja ele qual for.

A Figura 2.17 mostra o comportamento do desvio do tipo paralelo.Diferente do que acontece no desvio do tipo XOR, um desvio paralelo ativa todos os caminhos que devem ser executados de forma concorrente. No PN da Figura 2.17, após um pedido ter sido recebido o desvio é encontrado e as tarefas `Enviar fatura` e `Separar produtos` são disparadas. Observe que, assim como acontece no desvio XOR, a semântica de divisão e junção é a mesma. Portanto, a junção só dá continuidade ao PN após a conclusão de todos os caminhos. Considerando o exemplo da figura, a tarefa `Montar carga` só será executada após a conclusão das tarefas `Enviar fatura` e `Separar produtos` (obrigatoriamente). Se apenas uma delas terminar, a junção do desvio continuará aguardando até que a outra também termine. A combinação de diferentes desvios é possível – por exemplo, a separação por desvio paralelo e a junção por um XOR.No entanto, o uso incorreto pode ser um potencial causador de inconsistências semânticas.

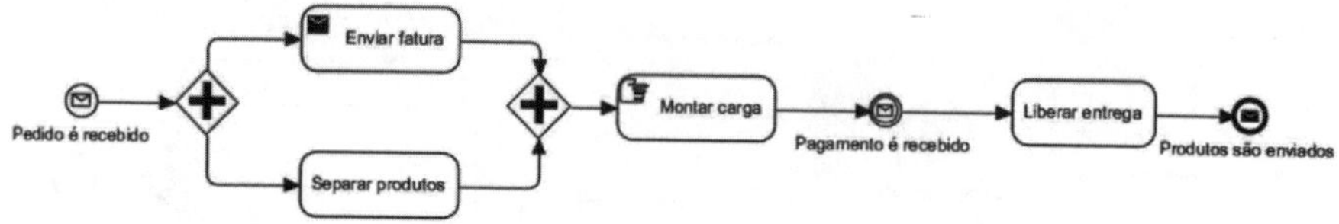

Figura 2.17:Exemplo de atividades executadas paralelamente

A Figura 2.18 ilustra um exemplo de combinação incorreta de desvios. OPN é iniciado com o recebimento de uma mensagem. Em seguida, o desvio, do tipo XOR, Formas de pagamento é encontrado e apenas uma das tarefas é executada. No entanto, como a junção seguinte é do tipo paralela, ela aguardará a conclusão de todas as três tarefas anteriores. Assim, essa conclusão jamais acontecerá, pois apenas uma tarefa foi ativadae o evento Confirmação de pagamento é enviada jamais ocorrerá, de forma que o PN entra em *deadlock*.

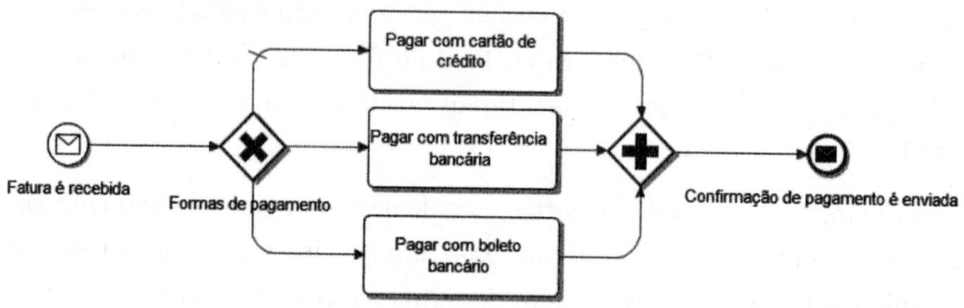

Figura 2.18:Exemplo de uso incorreto de divisão e junção

Outro tipo de desvio fornecido pela BPMN é o OR ("ou"inclusivo). Esse tipo de desvio permite que um ou mais caminhos sejam ativados por vez. Considere a visita de um consumidor em um site de comércio eletrônico, ilustrado pela Figura 2.19. O consumidor pode escolher um produto e, para esse produto, ele pode: (i) Escrever comentário; (ii) Comprar; (iii) Colocar na lista de desejos; e/ou (iv) Avaliar. No caso da junção, ele aguarda a execução de pelo menos uma das tarefas. Caso mais de uma tarefa chegue até a junção, o PN continua normalmente.

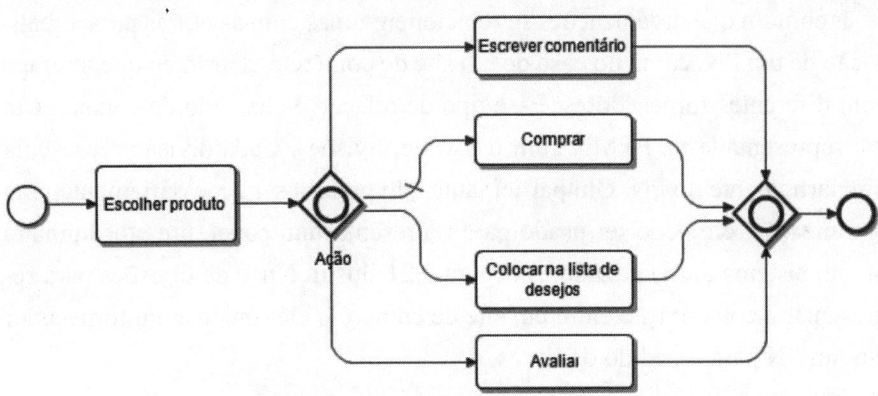

Figura 2.19: Exemplo de OR inclusivo

A Figura 2.20 apresenta o desvio do tipo `OR` baseado em eventos. Ele aguarda a ocorrência de um evento para dar continuidade ao PN. Os eventos são concorrentes, ou seja, o que ocorrer primeiro dá continuidade ao PN. A figura considera o PN para pedido de um produto, que se inicia com a tarefa `Pedir produto`, seguido pela tarefa `Pagar fatura`. Em seguida o desvio do tipo `OR` baseado em eventos, seguido pelos eventos `Produto é recebido` e `Prazo de entrega excedido`. O que ocorrer primeiro dará continuidade ao PN. Caso o produto seja recebido, o PN é encerrado. Caso o prazo de entrega seja excedido, a tarefa `Contatar empresa` é ativada e, em seguida, o PN é encerrado.

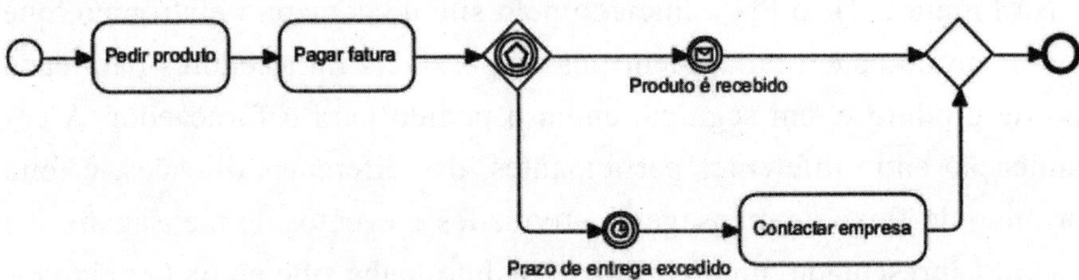

Figura 2.20:Exemplo de desvio baseado em eventos

Além dos desvios apresentados aqui, a BPMN fornece ainda desvios do tipo complexo e paralelo baseado em eventos.

É comum que organizações se relacionem umas com as outras para a realização de um PN, como no caso de um site de comércio eletrônico que interage com diferentes fornecedores. Esse tipo de relação é chamado de colaboração e é representada na BPMN com o uso de divisões. Cada divisão representa um participante do PN. Um participante não precisa ser necessariamente uma organização, ele pode ser usado para representar um papel, um ator humano ou um sistema automatizado. A Figura 2.21 ilustra o uso de divisões para representar a colaboração entre um site de comércio eletrônico e um fornecedor em um PN para o pedido de livros.

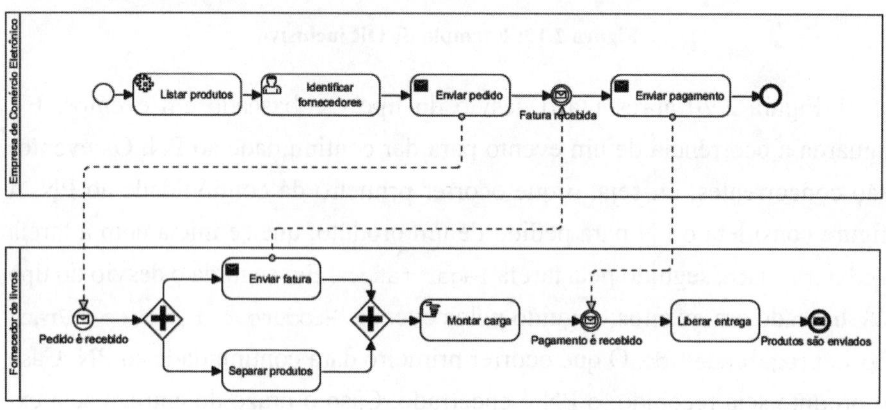

Figura 2.21: Colaboração usando divisões

Na Figura 2.21, o PN é iniciado pelo site de comércio eletrônico, que lista os produtos em falta, identifica os possíveis fornecedores para cada tipo de produto e, em seguida, envia o pedido para o fornecedor. A comunicação entre diferentes participantes, das diferentes divisões, é feita por meio de fluxo de mensagens, atividades e eventos de mensagem. No exemplo apresentado, uma vez que o pedido tenha sido enviado pela `Empresa de comércio eletrônico`, um evento intermediário aguarda a chegada de uma fatura. Enquanto isso, um PN é iniciado pelo `Fornecedor de livros`, com o recebimento de um pedido, por meio do evento

`Pedido é recebido`. As tarefas `Enviar fatura` e `Separar produtos` são ativadas em paralelo. Em seguida a tarefa manual `Montar carga` é executada e, após ela, um evento de mensagem aguarda o recebimento do pagamento. Na empresa de comércio eletrônico a fatura é recebida e o PN é continuado com a tarefa `Enviar pagamento`, encerrando o PN de pedido. Após o recebimento do pagamento, o fornecedor libera a entrega e os produtos podem ser enviados. O PN do fornecedor é encerrado com o envio de uma mensagem, que pode iniciar um novo PN em uma terceira organização – responsável pela entrega.

Além das divisões, a BPMN fornece ainda compartimentos, que são subdivisões em uma divisão. Um compartimento pode ser usado para representar, por exemplo, departamentos dentro de uma organização. A Figura 2.22 mostra um PN envolvendo diferentes departamentos de uma organização. Na figura, cada departamento é responsável por uma ou mais tarefas no PN.

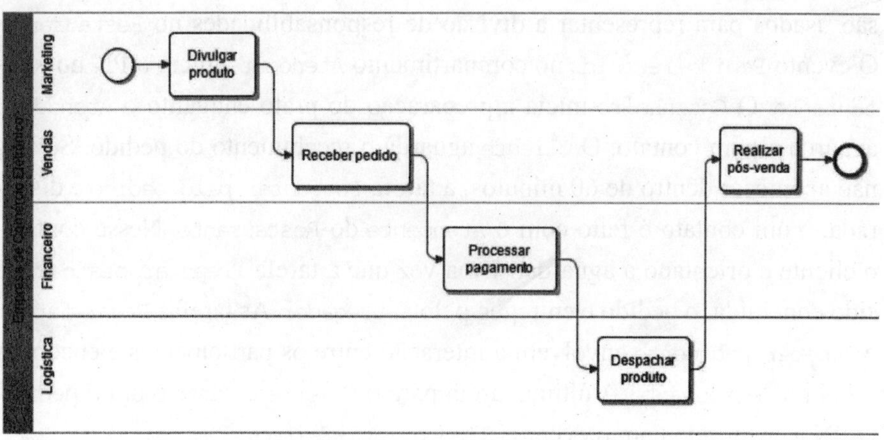

Figura 2.22:Exemplo do uso de compartimentos

2.3.3. Exemplos

Nesta seção, são apresentados dois exemplos que ilustram a aplicação dos conceitos vistos nas seções anteriores. O primeiro exemplo – Restaurante – mostra um PN colaborativo, enquanto o segundo – Distribuidora de bebidas – mostra um PN realizado internamente em uma empresa, porém, considerando a divisão de responsabilidades entre os diferentes setores.

Restaurante

Este exemplo ilustra um PN colaborativo entre um cliente e um restaurante [9]. A interação visa à realização de um pedido. Divisões são usadas para representar os participantes do PN (`Cliente` e `Restaurante`). O diagrama que ilustra o PN pode ser visto na Figura 2.23. O PN é iniciado pelo `Cliente`, que se encontra faminto. A primeira tarefa é a escolha do prato. Em seguida, o pedido é feito. Essa tarefa é representada pelo envio de uma mensagem (que, nesse caso, pode ser um telefonema) do `Cliente` para o `Restaurante`, iniciando o PN no `Restaurante`. Os compartimentos `Atendente`, `Cozinheiro` e `Entregador` são usados para representar a divisão de responsabilidades no `Restaurante`. O evento `Pedido recebido` no compartimento `Atendente` inicia o PN no `Restaurante`. O `Cozinheiro` inicia a preparação do prato enquanto o `Atendente` aguarda algum contato. O `Cliente` aguarda o recebimento do pedido. Se isso não acontecer dentro de 60 minutos, a tarefa `Perguntar pelo pedido` é disparada, e um contato é feito com o `Atendente` do `Restaurante`. Nesse contato, o cliente é orientado a aguardar. Uma vez que a tarefa `Preparar prato` tenha sido concluída, o pedido é entregue pelo `Entregador`. As tarefas `Pagar fatura` e `Receber pagamento` envolvem a interação entre os participantes e encerram o PN no `Restaurante`. A última tarefa para o `Cliente` é `Comer` o prato pedido. O PN é encerrado com o evento `Cliente satisfeito`.

Distribuidora de bebidas

Neste exemplo, é apresentado o PN de venda, faturamento e entrega em uma distribuidora de bebidas. Compartimentos são usados para representar os papéis exercidos pelas entidades participantes do PN, conforme apresentado na Figura 2.24. O PN é iniciado a cada novo dia pelo `Vendedor`. A primeira tarefa é o planejamento das vendas que serão realizadas no dia. Em seguida, o `Vendedor` carrega em seu dispositivo de vendas (que pode ser um *smartphone*, por exemplo) as informações dos clientes que ele deve visitar naquele dia. Essas informações são usadas durante a visita no cliente para ajudar a preparar o pedido e oferecer novos produtos. Em seguida, o `Vendedor` deve sair para realizar suas visitas aos clientes.

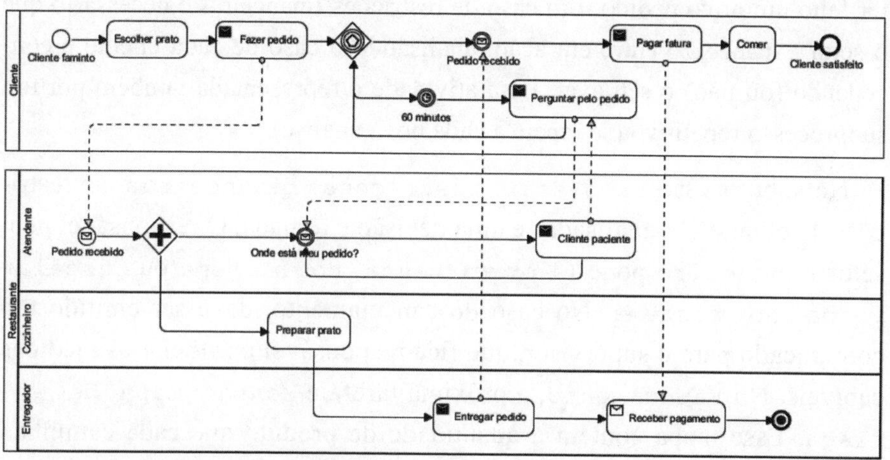

Figura 2.23: Exemplo de colaboração entre cliente e restaurante (baseado em [9])

Em cada visita um conjunto de atividades deve ser realizado. Assim, a realização da visita é representada por um subprocesso, que é repetido a cada cliente. A tarefa inicial é `Cumprimentar cliente`. Em seguida, o `Vendedor` atualiza o material de propaganda dos seus produtos, tais como cartazes, faixas e *banners*. A tarefa seguinte é `Verificar estoque`. Durante essa tarefa o vendedor verifica a necessidade de reposição dos seus produtos, bem como a oportunidade para oferecer um novo produto do seu portfólio. O desvio do tipo `OU inclusivo` representa essa tomada de decisão. Uma vez que o pedido foi preparado, é a hora de `Negociar o pedido`. Durante essa tarefa, vendedor e cliente discutem as propostas, fazem contrapropostas e discutem as condições de pagamento e entrega. Quando todas as visitas do dia são encerradas, o `Vendedor` descarrega as vendas do dia. Essa tarefa envolve o envio dos pedidos para o setor de `Faturamento`.

No `Faturamento`, após `Receber os pedidos`, o faturista deve `Analisar pedidos`. Durante essa análise são verificadas, entre outras coisas, as restrições financeiras – um cliente pode ter pedido mais do que o de costume, excedendo seu limite de crédito, ou um cliente que ainda não quitou seus débitos pode ter feito um novo pedido. Em caso de restrições financeiras é necessário que o setor `Financeiro` entre em ação, analisando o caso de cada cliente e concedendo (ou não) o seu aval. Essa atividade é representada também por um subprocesso repetitivo (se repete a cada nova análise).

No subprocesso `Processar restrições financeiras`, as restrições do cliente são analisadas e uma decisão é tomada. O responsável pelo setor `Financeiro` pode `Liberar venda no sistema` ou `Cancelar venda no sistema`. No caso do cancelamento, deve ser emitido um comunicado para o supervisor, que fica responsável por tomar as medidas cabíveis. No `Faturamento`, a próxima tarefa é `Montar mapa de entrega`. Esse mapa contém a quantidade de produto que cada caminhão deve levar, bem como a rota que os caminhões devem seguir para realizar as entregas. Após a conclusão dessa tarefa, o faturista pode, paralelamente, `Emitir notas fiscais` e `Emitir mapa de entrega`. Ambas devem ser entregues ao setor de `Logística`, que se encarregará da carga e entrega dos pedidos. A emissão de notas fiscais é uma atividade demorada, dada a quantidade de notas que devem ser geradas. Já a emissão do mapa de entrega é uma atividade rápida.

Com o mapa de entrega em mãos, o responsável pela `Logística` pode iniciar a separação dos produtos e a montagem da carga – ambas são tarefas manuais, realizadas sem qualquer tipo de auxílio computacional. Uma vez que essas tarefas são concluídas, é aguardado até as 6h – horário em que os as notas fiscais são recolhidas e os caminhões, liberados. Cada caminhão deve então `Realizar entrega`. Quando os caminhões retornam, é dada a baixa nas devoluções – que são os produtos rejeitados pelo cliente, muitas vezes por falta de dinheiro. Finalmente, a venda é concretizada.

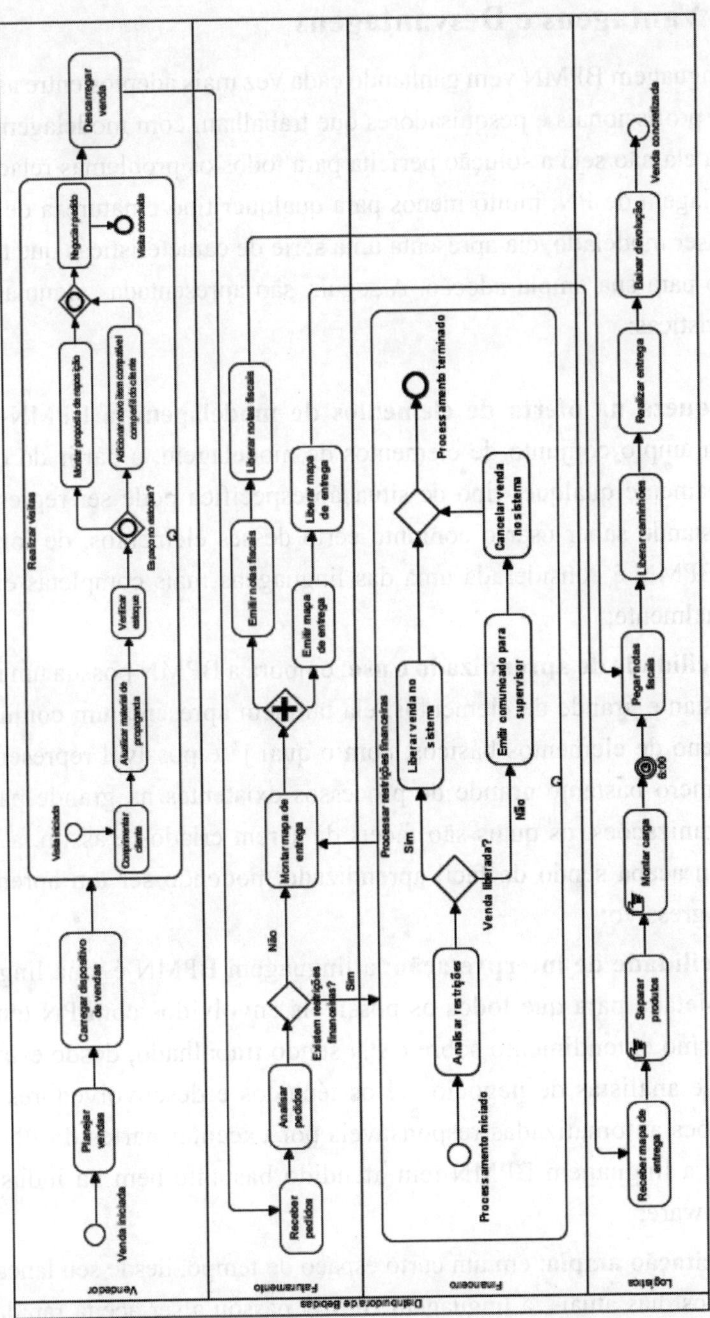

Figura 2.24: Exemplo de distribuidora de bebidas – interação entre setores

2.3.4. Vantagens e Desvantagens

A linguagem BPMN vem ganhando cada vez mais adeptos entre as organizações, profissionais e pesquisadores que trabalham com modelagem de PN. Embora ela não seja a solução perfeita para todos os problemas relacionados à modelagem de PN, muito menos para qualquer tipo e natureza de PN que precise ser modelado, ela apresenta uma série de características que tem contribuído para sua ampla adoção. A seguir, são apresentadas algumas dessas características:

- **Riqueza na oferta de elementos de modelagem**: a BPMN oferece um amplo conjunto de elementos de modelagem, a partir do qual basicamente qualquer tipo de situação específica pode ser representado, bastando saber usar o conjunto certo desses elementos, de forma que a BPMN é considerada uma das linguagens mais completas existente atualmente;
- **Facilidade de aprendizado e uso**: embora a BPMN possua um número bastante grande de elementos, ela também apresenta um conjunto pequeno de elementos básicos, com o qual já é possível representar um número bastante grande de processos existentes na grande parte das organizações, os quais são fáceis de serem criados e assim, a linguagem acaba sendo de fácil aprendizado, podendo ser um aprendizado progressivo;
- **Facilidade de interpretação**: a linguagem BPMN é uma linguagem projetada para que todos os possíveis envolvidos com PN tenham o mesmo entendimento sobre o PN sendo trabalhado, desde estrategistas e analistas de negócio até os técnicos e desenvolvedores de soluções automatizadas responsáveis por executar partes do PN, papel que a linguagem BPMN tem atendido bastante bem na indústria de software;
- **Aceitação ampla**: em um curto espaço de tempo, desde seu lançamento até os dias atuais, a linguagem BPMN passou a ser aceita rapidamente por um amplo conjunto de fornecedores e organizações, o que facilita a

comunicação por meio dos modelos gerados por meio de sua aplicação, sendo considerada a linguagem ou notação para modelagem de PN mais discutida atualmente;

- **Apoio automatizado**: especificamente em termos de apoio automatizado, houve uma pressão muito grande para que os fornecedores de soluções automatizadas dessem apoio automatizado à BPMN, de forma que no início de 2011 já são 73 as ferramentas que oferecem algum tipo de apoio automatizado à BPMN [10];
- **Representação de cooperação interorganizacional**: diferentemente dos Diagramas de Atividades da UML (outra linguagem também bastante usada na comunidade industrial de software atualmente), o conjunto de elementos da BPMN permite explicitamente que se represente a comunicação entre organizações – bastante importante nos PN atuais, por meio de divisões e fluxos de mensagens, enquanto que nos Diagramas de Atividades é possível apenas a representação de compartimentos usados para representar a comunicação intraorganizacional, o que também é possível com a BPMN;
- **Mapeamento de BPMN para WS-BPEL**: permite mapeamento de uma representação alto nível do PN para uma versão executável do mesmo PN, por exemplo, na linguagem WS-BPEL (apresentada em capítulo próximo) que, embora de forma limitada, permite reduzir a lacuna existente entre a especificação do PN e sua implementação;
- **Padrão não proprietário:** o que permite que várias pessoas e organizações cooperem para seu desenvolvimento e evolução, não ficando a cargo de um único e exclusivo grupo.

Em termos de desvantagens da linguagem BPMN, apesar de seu amplo uso atual, algumas que podem ser apontadas são as seguintes:

- **Ausência de padrão de especificação/representação textual**: a linguagem BPMN é apenas uma representação gráfica, não possuindo padrão de especificação textual, assim sua integração com outras ferramentas é limitada e dificultada e cada fornecedor de ferramenta decide como armazenar fisicamente em arquivos os modelos gerados, por exemplo, em esquemas XML próprios;

- **Focado na visão de PN**: a BPMN não se destina a outras visões que não o próprio PN, tais como: estrutura organizacional e recursos, modelos de dados e informações e regras de negócio – como, por exemplo, as possibilidades apresentadas pelos vários diagramas da UML.

Referências

[1] M. Weske. *Business Process Management: Concepts, Languages, Architectures*. Berlim: Springer, 2007.

[2] J. L. Peterson. *Petri Net Theory and the Modelling of Systems*. New Jersey: Prentice-Hall International, 1981.

[3] A.-W. Scheer. "ARIS Toolset: A Software Product is Born". *Information Systems* 19(8): 607-624, 1994.

[4] A. Tsai; W. Jiacun, W. Tepfenhart; D. Rosea.EPC Workflow Model to WIFA Model Conversion.*In:Proceedings of 2006 IEEE International Conference on Systems, Man, and Cybernetics*.Toulouse:IEEE Computer Society, 2006, pp. 2758-2763.

[5] W. M. P. van der Aalst."Verification of Workflow Nets". *In*:Proceedings *of the 16th International Conference on Advanced Information Systems*.Taipei: IEEE Computer Society, 2006, pp. 407-426.

[6] W. M. P. van der Aalst and A. H. M. ter Hofstede."YAWL: Yet Another Workflow Language". *Information Systems* 30(4): 245-275, 2005.

[7] Object Management Group – Unified Modeling Language, dispon[ivel em: http://www.uml.org, 2011.

[8] Object Management Group – Business Process Management Initiative, disponível em: http://www.bpmn.org, 2011.

[9] BPMN 2.0 by example version 1.0, disponível em: http://www.omg.org/cgi-bin/doc?dtc/10-06-02, 2011.

[10] Object Management Group – Business Process Management Initiative, BPMN Implementors And Quotes, disponível em: http://www.bpmn.org/BPMN_ Supporters.htm, 2011.

3

Tecnologia de Serviços Web

NESSE CAPÍTULO, SERÃO INTRODUZIDOS o paradigma da computação orientada a serviços (COS), sua implementação mais comum através de serviços Web e os padrões básicos da tecnologia Web. A seção 3.1 descreve o paradigma e a seção 3.2, os padrões básicos.

3.1 Sistemas Orientados a Serviços

Na computação orientada a serviços (COS) [1,2], as aplicações distribuídas são desenvolvidas usando-se construtores chamados serviços. Um serviço é um pacote contendo algumas funcionalidades. Um serviço é autocontido, tem identificação única e pode ser descoberto e chamado através de protocolos na Internet. Nesse paradigma, o desenvolvimento de aplicações é mais rápido e tem menor custo, já que serviços têm maior granularidade que os construtores de outros paradigmas como, por exemplo, orientação a objetos. Além dessas vantagens, o paradigma COS permite a integração de aplicações distribuídas executando sobre plataformas heterogêneas.

Os papéis no modelo COS (Figura 3.1) são:

- ❖ Provedores de serviço: oferecem a implementação e descrição de serviços;
- ❖ Clientes de serviço: usam serviços;

❖ Agregadores de serviço: compõem vários serviços em um único novo serviço mais complexo;

❖ Repositórios de serviços: são utilizados para localizar serviços. Um repositório inclui descrições sobre os serviços e sobre as organizações provedoras e classificações para auxiliar nas buscas.

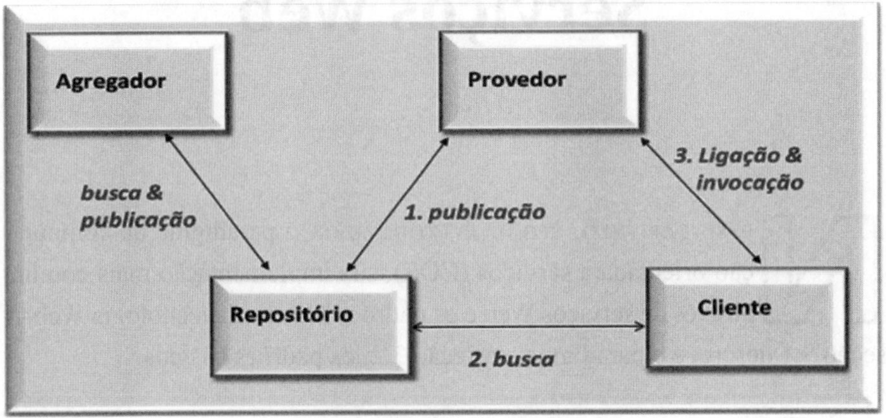

Figura 3.1: Papéis no modelo COS

Primeiramente, um provedor pode publicar a descrição de um serviço que deseje compartilhar num repositório. A descrição inclui informações como:

❖ Informação de negócio: sobre a organização que fornece o serviço;

❖ Informação de serviço: sobre a natureza do serviço;

❖ Informação técnica: sobre os métodos para invocação do serviço.

Os clientes interessados em utilizar um determinado serviço podem fazer buscas em um repositório utilizando algum critério sobre os serviços ou organizações que os disponibilizam. As buscas podem ser realizadas em tempo de projeto ou dinamicamente. O repositório retorna um conjunto de serviços que atendam os critérios especificados e a seleção por parte do cliente pode ser manual ou automática.

Após a seleção, o cliente entra em contato com o provedor para obter mais informações sobre o serviço e, assim, realizar chamadas de operações sobre o serviço.

Serviços Web tornaram-se a implementação preferencial de COS. Um serviço *Web* é um tipo específico de serviço eletrônico que usa padrões bem definidos que serão discutidos ao longo desse livro. Serviços Web são identificados por uma URI (*Unified Resource Identification*), descritos e descobertos como artefatos XML. As interações entre eles também são realizadas através de mensagens XML sobre protocolos Internet. A união de SGPN com a tecnologia Web [3] visa alcançar a interoperabilidade que não foi obtida com WfMS e o desenvolvimento de aplicações distribuídas utilizando quaisquer plataformas e linguagens de programação [4]. Tecnologias Web não só expõem a funcionalidade de sistemas de informação através de padrões bem definidos, como também permitem a descoberta e inclusão de serviços em aplicações de forma dinâmica e a construção de serviços mais complexos utilizando outros serviços. SGPN baseados nessa tecnologia permitem a execução de processos intra-/interorganizacionais. As regras e garantias de qualidade de serviços[8] (QoS) para a execução desses processos podem ser pré-acordadas entre as organizações envolvidas de acordo com as regras estabelecidas por contratos eletrônicos. QoS será discutida no capitulo 5 e contratos eletrônicos, no capítulo 6.

3.2 Padrões Básicos

Os padrões mais básicos para serviços Web na pilha de serviços Web são HTTP (mais comumente, embora outros como HTTPS ou SMTP possam ser usados) para transporte e XML [5] para especificação de documentos do tipo texto.Todos os outros padrões são baseados em XML. SOAP [6]é usado para comunicação,WSDL [7,8] e XML Schema [9] para descrição de serviços, e UDDI (Universal Description, Discovery and Integration) [10] para definir a estrutura e o conteúdo dos repositórios. Nesses repositórios

---

8 **Do inglês** *Quality of Service* **(QoS).**

são armazenadas as descrições de serviços. Esses padrões em suas camadas são mostrados na Figura 3.2.

Descrição WSDL, XML schema	Publicação UDDI
Mensagem SOAP	
Transporte HTTP, HTTPS, SMTP	Formato XML

Figura 3.2: Pilha de padrões básicos

Como pode ser visto na Figura 3.3, provedores, repositórios e clientes expõem suas funcionalidades através de interfaces WSDL e trocam mensagens através de *middleware* SOAP. A camada SOAP permite que invocações de serviços, por exemplo, do fornecedor para o repositório, do consumidor para o repositório ou do consumidor para o fornecedor, sejam realizadas. O repositório tem API para publicação e busca de serviços. A API de serviço é usada pelo fornecedor para publicar seus serviços. A API de busca é utilizada pelo consumidor para busca de serviço. Após selecionar o serviço e encontrar informações sobre a parte técnica descritas em WSDL, o consumidor pode entrar em contato com o serviço do fornecedor.

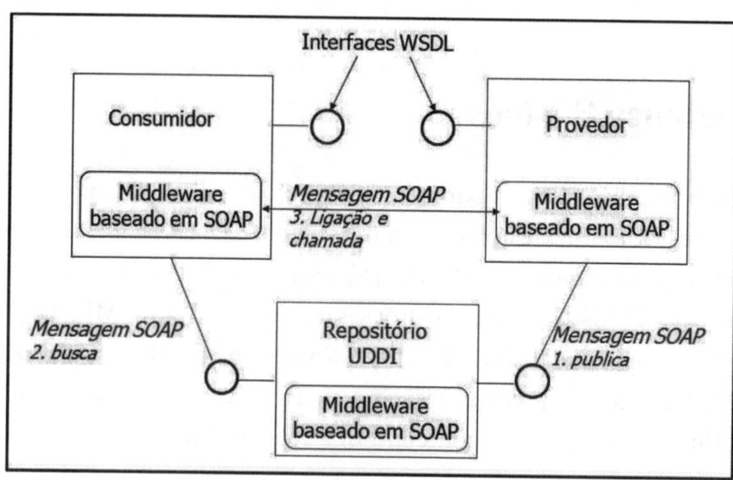

Figura 3.3: Interação entre papéis

A seguir, cada um desses padrões básicos é discutido com mais detalhes.

3.2.1 XML e XML Schema

A linguagem XML [5] foi derivada da linguagem *Standard Generalized Markup Language* (SGML). Ela é um padrão de sintaxe para descrever os dados semiestruturados. A linguagem XML inclui um modelo de dados baseado em grafos. Esse padrão pode ser considerado uma metalinguagem, pois é possível utilizá-lo como uma base para a definição de outras linguagens. A linguagem XML é utilizada para estruturar os dados e isso é realizado por meio dos rótulos e dos atributos de rótulo que são definidos para propósitos específicos. A Figura 3.4 mostra um exemplo de um documento na linguagem XML.

```
<filme ano="2009">
<titulo>Filme F</titulo>
<diretor>Diretor D</diretor>
<pais>Pais P</pais>
</filme>
```

Figura 3.4: Documento XML

No exemplo apresentado na Figura 3.4, diversos rótulos foram definidos e eles são utilizados para especificar um filme, como, por exemplo, os rótulos *filme*, *titulo*, *diretor* e *pais*, além do atributo *ano* do rótulo *filme*. Tipicamente, os documentos na linguagem XML sobre um mesmo domínio, mas de fontes diferentes, apresentam alguns conflitos de esquema.

O padrão *XML Schema*[9] é uma linguagem utilizada para definir a estrutura dos documentos na linguagem XML. Ela estende a linguagem de esquemas chamada *Document Type Description* (DTD). Além de restringir a estrutura dos documentos XML, o padrão *XML Schema* estende a linguagem XML com tipos de dados.

Um exemplo de um esquema XML criado utilizando o padrão *XML Schema* é apresentado na Figura 3.5. No exemplo, o elemento *filme* é definido como um tipo de dados complexo formado por uma sequência de três elementos do tipo *string*: *titulo*, *diretor* e *pais*, e por um atributo chamado *ano*, também do tipo *string*.

```
<xs:element name="filme">
<xs:complexType>
<xs:sequence>
<xs:element name="titulo" type="xs:string/>
<xs:element name="director" type="xs:string/>
<xs:element name="pais" type="xs:string/>
</xs:sequence>
<xs:attribute name="ano" type="xs:string/>
</xs:complexType>
</xs:element>
```

Figura 3.5: Esquema XML

Entretanto, mesmo com a utilização das definições de esquema, a camada XML não é capaz de garantir a interoperabilidade entre os sistemas computacionais. Os dados XML não podem ser interpretados corretamente devido à falta da informação semântica, ou seja, o significado dos dados não pode ser inferido, já que os seus rótulos e atributos não fornecem uma especificação precisa.

3.2.2 SOAP

SOAP (*Simple Object Access Protocol*) [6] é um protocolo para a comunicação geral entre os serviços Web na Internet. Define o formato das mensagens (normalmente com conteúdo de dados XML) que são trocadas entre os clientes, provedores e repositórios de serviços. Mais comumente, o protocolo SOAP descreve como o protocolo HTTP (*HyperText Transfer Protocol*) pode ser usado para chamada de procedimento remoto na Internet, por meio de uma combinação de um cabeçalho HTTP com um corpo SOAP. Porém, outros protocolos de transporte também podem ser usados como HTTPS (*HyperText Transfer Protocol Secure*) e SMTP (*Simple Mail Transfer Protocol*), por exemplo. Inicialmente era conhecido pela sigla de *Simple Object Access Protocol*, mas atualmente não é mais um acrônimo.

Cada mensagem SOAP é um documento XML contendo os elementos Envelope, Cabeçalho e Corpo (Figura 3.6).

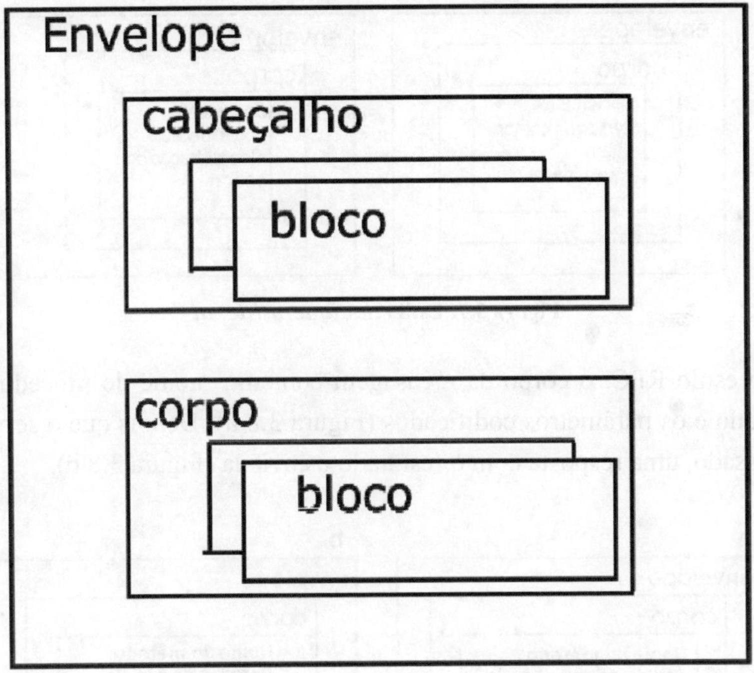

Figura 3.6: Elementos de uma mensagem SOAP

O elemento Envelope é o recipiente para conter a mensagem e URI do esquema da mensagem. O elemento Cabeçalho contém informações de controle como, por exemplo, para onde enviar, de onde vem a mensagem, assinaturas digitais, informação para processamento em nós intermediários. É um elemento opcional. Finalmente, o Corpo da mensagem contém os dados específicos da aplicação.

A estrutura do Cabeçalho e do Corpo é determinada pelo estilo da interação. São dois estilos disponíveis: (a) *document literal* ou (b) chamada de procedimento remoto[9] (RPC). No estilo *document literal,* o corpo contém um documento como um pedido de compra que é processado por um serviço de compras (Figura 3.7 a). Após o processamento, o serviço envia outro documento com a confirmação do pedido (Figura 3.7 b).

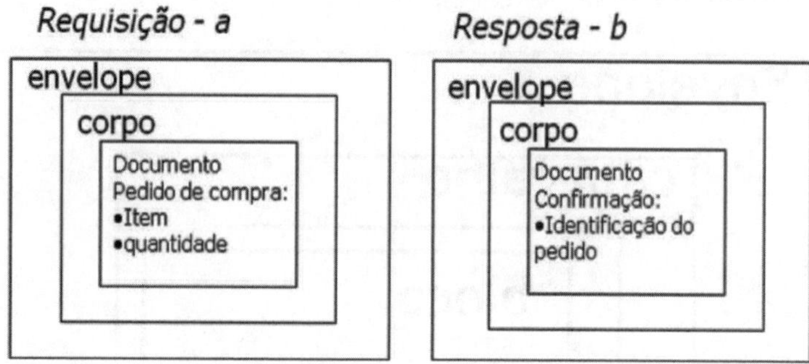

Figura 3.7: Estilo *document literal*

No estilo RPC, o corpo da mensagem contém o nome do procedimento invocado e os parâmetros codificados (Figura 3.8 a). Depois que o serviço é processado, uma resposta com o resultado é enviada (Figura 3.8 b).

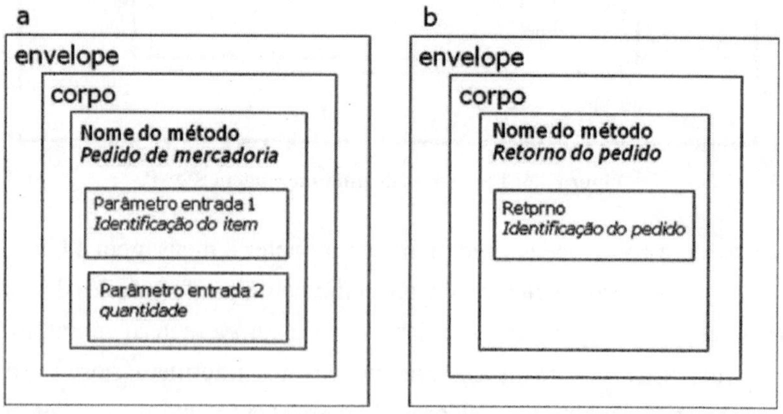

Figura 3.8: Estilo RPC

9 **Do inglês** *Remote Procedure Call* **(RPC).**

Uma mensagem SOAP pode passar por vários nós. Um nó pode ter um ou mais papéis indicados nos blocos do cabeçalho. Cada bloco indica um papel de um tipo abaixo:

- *None*: o bloco não deve ser processado pelos nós que recebem a mensagem, porém pode ser lido;
- *ultimateReceiver*: só pode ser processado pelo nó destino;
- *Next*: pode ser processado por todos os nós que recebem a mensagem, incluindo o nó destino.

O papel default é *ultimateReceiver* e o processamento que pode ser realizado pelos nós inclui: remoção/substituição de blocos de cabeçalho, inclusão de informação no cabeçalho, realização de alguma ação relativa à mensagem.

Na máquina do provedor, um compilador WSDL gera procedimentos *stub* e *skeleton* para cada serviço disponibilizado pelo provedor. Na máquina cliente, uma mensagem SOAP é enviada a um serviço de um provedor através de uma chamada ao procedimento local *stub,* que redireciona a chamada para a camada SOAP, transformando a chamada em um documento XML, como apresentado nas Figuras 3.7 e 3.8. A camada HTTP encapsula a mensagem SOAP e a envia ao provedor, onde o caminho é o inverso da camada http, que retorna o envelope para a camada SOAP, da camada SOAP para o *skeleton* e, então, para o procedimento local do servidor.

3.2.3 WSDL

WSDL (*Web Services Description Language*) [7,8] é uma linguagem usada para descrever serviços Web. Embora já exista a versão 2, a versão 1.1 é mais utilizada. Uma descrição WSDL contém as informações relacionadas ao serviço Web necessárias para sua publicação, descoberta e invocação. Cada descrição de serviço Web contém uma parte abstrata e uma parte concreta. A parte abstrataconsiste em: um tipo de porta (*port type*); operações (*operations*) que o tipo de porta oferece; e a estrutura de mensagens (*message*) de entrada e de saída. A parte concreta liga a interface abstrata a um endereço de rede e a um protocolo específico. A Figura 3.9 mostra o conteúdo de uma especificação WSDL.

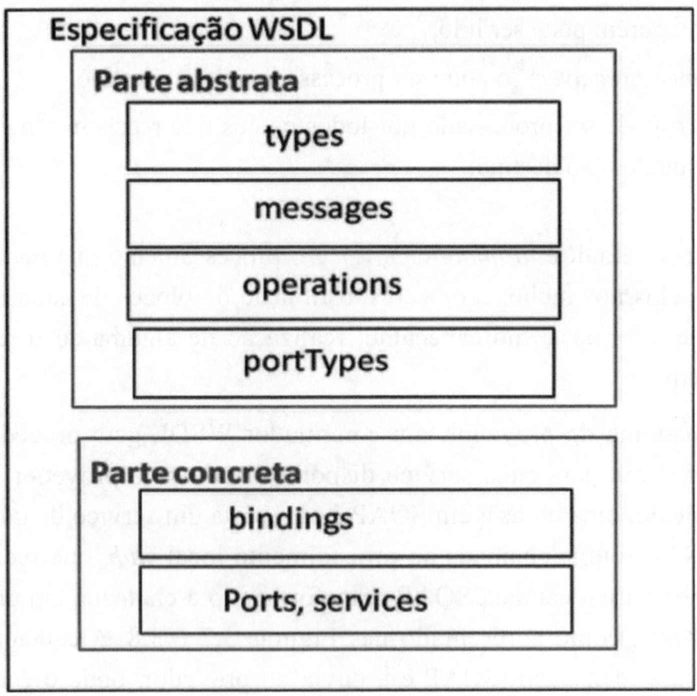

Figura 3.9: Especificação WSDL

Cada elemento na especificação é descrito na Figura 3.10 a seguir.

Elementos	
Type	Tipos de dados primitivos definidos por XSD (*XML Schema Definition*) como *int, float, string* ou tipos de dados complexos
Message	Consiste em partes que são os argumentos das operações

portType	Interface de serviço consistindo em operações relacionadas. Uma operação pode ser do tipo *one-way*1, *request-response*2, *solicit-response*3, *notification*4
binding	Faz a associação da parte concreta com a parte abstrata. Referencia *portType* na parte abstrata com o objetivo de descrever como as mensagens das operações são formatadas. Contém ainda os elementos aninhados *soap:binding* e *operation*
Soap:binding	Define o tipo de interação (*document* ou RPC) e o protocolo de transporte
Operation	Define cada operação na porta com atributos *soapAction* (ação SOAP correspondente à operação), *input* (como entrada é codificada – literal ou codificada), *output* (como saída é codificada)
Port	Indica onde um *portType* é encontrado através de um *binding*. Contém o endereço desse *binding*
Service	Contém a coleção de elementos *port*. Indica onde encontrar um serviço através de seu elemento *port*

Figura 3.10:Elementos da linguagem WSDL

Na Figura 3.11, mostramos a especificação WSDL para o serviço de uma Montadora que oferece serviços de montagem de carro para concessionárias. Uma concessionária faz um pedido de um carro e a montadora verifica se tem as partes necessárias para sua montagem, respondendo se é possível montar o carro ou não.

```
<definitions name="Montadora"
    targetNamespace="http://www.montadora.com.br/wsdl"
    xmlns:tns="http://www.montadora.com.br/wsdl"
    xmlns:xsdl="http://www.montadora.com.br/requisicao.xsd"xmlns:soap=
    "http://schemas.xmlsoap.org/wsdl/soap/"
    xmlns="http://schemas.xmlsoap.org/wsdl/">
```

```
<documentation> parte abstrata </documentation>

<types>
<schema targetNamespace=" http://www.montadora.com.br/requisicao.xsd"
        xmlns="http://www.w3.org/2000/10/XMLSchema">
    <element name="infoRequisicaoType">
    <complexType>
    <sequence>
    <element name="infoClient" type="string"/>
    <element name="infoCarro"  type="string"/>
    </sequence>
    </complexType>
    </element>
    <element name="infoRespostaType"> type="string"/>
    </schema>
</types>

<message name="RequisitaMessage">
  <part name="infoRequisicao" element="xsd1:infoRequisicaoType"/>
</message>

<message name="RespostaMessage">
  <part name="infoResposta" element="xsd1:infoRespostaType"/>
</message>

<portType name="MOPT">
  <operation name="montaCarroOP">
    <input message="tns:RequisitaMessage" />
    <output message="tns:RespostaMessage" />
  </operation>
</portType>

<documentation> parte concreta </documentation>

<binding name="MOPBinding" type="tns:MOPT">
```

```
        <soap:binding style="document"
              transport="http://schemas.xmlsoap.org/soap/http"/>
      <operation name="montaCarroOP">
      <soap:operation
               soapAction="http://www.montadora.com.br/montaCarro"/>
      <input>
      <soap:body use="literal"/>
      </input>
      <output>
      <soap:body use="literal"/>
      </output>
      </operation>
  </binding>


  <service name="montaCarroServico">
      <port name="MOPort" binding="tns:MOBinding">
      <soap:address
              location="http://www.montadora.com.br/requisicao"/>
      </port>
  </service>

  </definitions>
```

Figura 3.11: Especificação WSDL para o serviço da Montadora

3.2.3 UDDI

UDDI (*Universal Description, Discovery, and Integration*) [10] na sua versão 3 é um padrão OASIS que define a estrutura e o conteúdo dos repositórios que contêm descrições de serviços. O padrão UDDI permite que provedores de serviços possam registrar seus serviços Web, usando as descrições WSDL, e que clientes de serviços possam descobri-los. O serviço de repositório com suas API para publicar/buscar serviços é disponibilizado como um serviço Web. Além disso, o padrão UDDI possui uma API para subscrever/replicar serviços entre repositórios.

Os tipos de informações publicadas nos repositórios são:

- Páginas brancas com informações sobre organizações;
- Páginas amarelas com classificações de organizações e serviços de acordo com taxonomias que podem ser padronizadas ou definidas pelos usuários;
- Páginas verdes com informações técnicas de como um serviço pode ser invocado. Referencia documentos com a descrição de serviços tipicamente armazenados no nó do provedor.

Para armazenar essas informações são utilizadas as estruturas de dados (Figura 3.12) abaixo:

- *businessEntity*: descreve a organização que fornece o serviço (nome da empresa, categoria, endereço e informações de contato) – **página branca;**
- *businessService*: descreve o grupo de serviços relacionados oferecidos por uma organização (*businessEntity*) – **página amarela**;
- *bindingTemplate*: descreve a informação técnica para utilizar um serviço como endereço em que está disponível, referências para documentos *tModels*. Cada *businessService* pode conter vários *bindingTemplates* – **página verde**;
- *tModel* (*technical Model*): pode conter qualquer tipo de especificação. *tModels* referenciam *overviewDocs* que podem ser escritos em qualquer linguagem e armazenados tipicamente no nó do provedor. Um *tModel* ou o nele *overviewDoc* referenciado pode conter, por exemplo, informações sobre descrições WSDL ou outro tipo de informação como qualidade de serviço. Na Figura 3.13, o *tModel* referencia dois *overviewDocs*: um contém especificação WSDL e o outro, texto explicativo das interfaces.

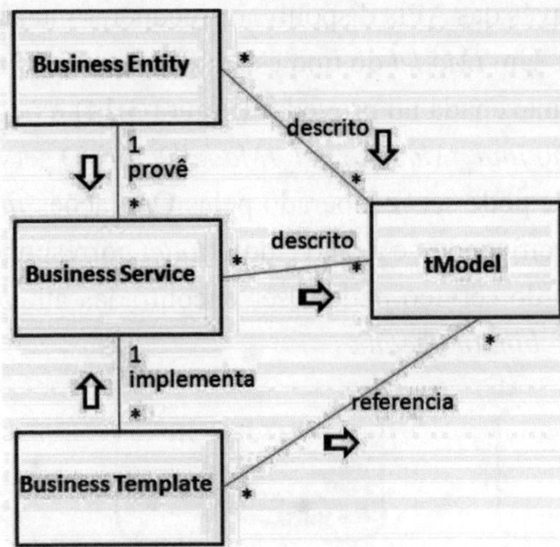

Figura 3.12: Estruturas de dados do UDDI

```
<tModel   tModelKey="uddi:123">
<name> Montadora </name>
<description>   Serviço para montage de carros   </description>
<overviewDoc>
  <overviewURL>   useType="wsdlInterface"
          http://www.montadora.com.br/wsdl/requisicao.wsdl
</overviewURL>
</overviewDoc>
<overviewDoc>
  <overviewURL>   useType="text"
          http://www.montadora.com.br/requisicao.txt
</overviewURL>
</overviewDoc>
<categoryBag>
<keyedReference keyName="uddi-org-types:wsdl"
    keyValue="wsdlSpec"
    tModelKey="uddi:uddi.org:categorization:types"/>
</categoryBag>
</tModel>
```

Figura 3.13:*tModel* que referencia *overviewDoc* com especificação WSDL

É possível, através das APIs disponíveis, recuperar interfaces e implementações de serviços. Um *tModel* do tipo específico *wsdlSpec* referencia a interface do serviço armazenada no provedor (Figura 3.14) e pode ser encontrado através da operação *find_tModel* e *get_tModelDetail*. O serviço com uma determinada interface pode ser recuperado pelas Operações *find_service* e *get_serviceDetail* especificando-se a chave do *tModel* correspondente à interface. *Binding templates* do serviço podem ser encontradas através das operações *find_binding* e *get_bindingDetail*.

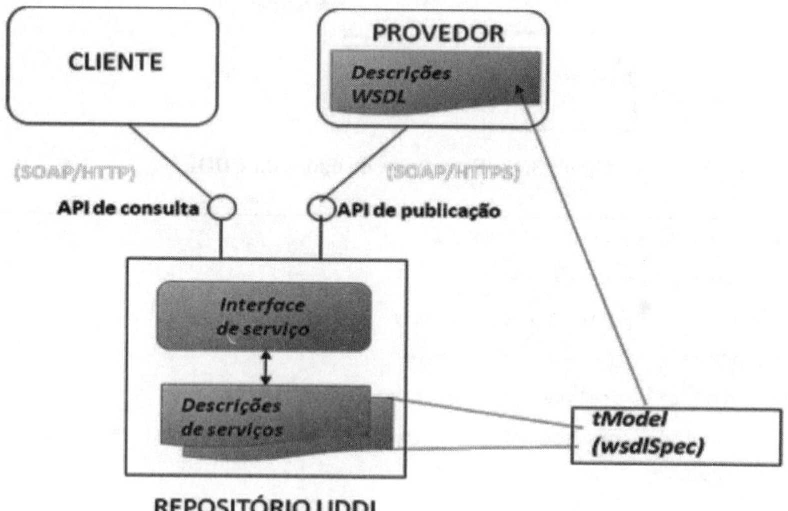

Figura 3.14:Busca de serviços e suas implementações

Referências

[1] Mike P. Papazoglou; Paolo Traverso; Schahram Dustdar; Frank Leymann. Service-Oriented Computing: a Research Roadmap. *Int. J. Cooperative Inf. Syst.* 17(2): 223-255, 2008.

[2] M. N. Huhns; M. P. Singh. "Service-Oriented Computing: Key Concepts and Principles". In:*IEEE Internet Computing*, 9 (1): 75-81, 2005.

[3] Frank Leymann; Dieter Roller; Marc-Thomas Schmidt. Web services and business process management. *IBM Systems Journal* 41(2): 198-211, 2002.

[4] G. Alonso; F. Casati; H. Kuno; V. Machiraju. Web Services: Concepts, Architectures and Applications.Heidelberg: Springer Verlag, 2004.

[5] T. Bray *et alii* (Eds.).W3C. Extensible Markup Language (XML) 1.0 (Fifth Edition), 2008, disponível em: http://www.w3.org/XML/. Acessado em 2011.

[6] N. Mitra; Y. Lafon (Editors). SOAP Version 1.2 Part 0: Primer (Second Edition). W3C Recommendation 27 April 2007, disponível em: http://www.w3.org/TR/2007/REC-soap12-part0-20070427/. Acessado em 2011.

[7] E. Christensen *et alii*. Web Services Description Language (WSDL) Version 1.1 W3C Note 2001, disponível em:http://www.w3.org/TR/wsdl. Acessado em 2011.

[8] D. Booth; C. K. Liu (Eds.). Web Services Description Language (WSDL) Version 2.0 Part 0: Primer. W3C Recommendation 26 June 2007, disponível em: http://www.w3.org/TR/2007/REC-wsdl20-primer-20070626/. Acessado em 2011.

[9] D. Fallside *et alii* (Eds.). XML Schema (Second Edition) 2004. W3C Recommendation 2004, disponível em:http://www.w3.org/standards/techs/xmlschema#w3c_all. Acessado em 2011.

[10] L. Clement; A. Hately; C. von Riegen; T. Rogers (Eds.). UDDI Version 3.0.2. UDDI Spec Technical Committee Draft, 2004, disponível em: http://www.oasis-open.org/committees/uddi-spec/doc/spec/v3/uddi-v3.0.2-20041019.htm/. Acessado em 2011.

4

Execução de Processos

PROCESSOS DE NEGÓCIO GERALMENTE são compostos por um conjunto de serviços que forma, por sua vez, novos serviços mais complexos. Nesse capítulo, serão discutidos como esses serviços podem interagir e executar para cumprir um objetivo de negócio. O capítulo inicia apresentando as formas de interação entre serviços: coreografia e orquestração e suas linguagens de especificação. Finalmente, são discutidos protocolos de coordenação para que grupos de serviços sejam executados obedecendo a certas restrições de ordem.

4.1. Coreografia e Orquestração de Serviços

Serviços podem interagir como uma orquestração ou uma coreografia. Existem linguagens de especificação para ambas as formas de interação. Na orquestração, as interações dos serviços são definidas do ponto de vista de uma única organização que controla seus serviços,embora possa haver colaboração com outras organizações. A orquestração pode ser definida por linguagens de programação ou linguagens específicas de orquestração como *Web Services Business Process Execution Languages* (WS-BPEL) [1], que é um padrão OASIS para a composição de serviços. Para que ocorra interação com outros processos, um grupo de processos interessados em uma colaboração deve obedecer a umprotocolo público. Cada processo pode então ser implementado independentemente de plataforma ou linguagens obedecendo a esse protocolo.

Na coreografia, as interações são vistas de uma perspectiva global entre os vários serviços. As regras de interação podem ser estabelecidas em comum acordo por todas as partes envolvidas para que um processo de negócio interorganizacional execute com sucesso. Essas regras incluem a ordem das mensagens e os pontos em que ocorrem as interações entre as orquestrações das partes. W3C definiu o padrão Web Services Choreography Language (WS-CDL) [2] para a especificação de coreografias. Existe também a tendência de se estender WS-BPEL para incluir informações complementares referentes a coreografias [3], já que WS-CDL tem vários elementos em comum com WS-BPEL.

Um processo de negócio pode, portanto, ser visto como uma coreografia e uma ou mais orquestrações em que as partes que colaboram no negócio definem a interação entre elas, usando, por exemplo, WS-CDL, e, em seguida, orquestrações em WS-BPEL ou outra linguagem obedecendo às especificações da coreografia.

Para ilustrar a diferença utilizamos o processo interorganizacional simplificado que envolve uma concessionária e uma montadora na Figura 4.1 representado em BPMN [4]. A `Concessionária` faz o pedido de um carro e a `Montadora` verifica se tem as partes necessárias para sua montagem, respondendo se é possível montar o carro ou não.

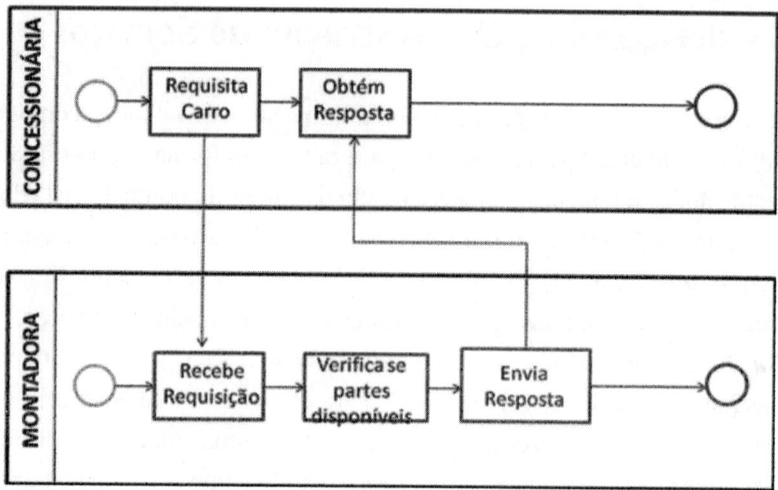

Figura 4.1: Processo Interorganizacional `Concessionária-Montadora`

A seguir o mesmo processo de negócio é apresentado com suas tarefas e eventos ressaltando o seu fluxo de sequência em preto. O fluxo de mensagens entre as piscinas é representado em vermelho (Figura 4.2).

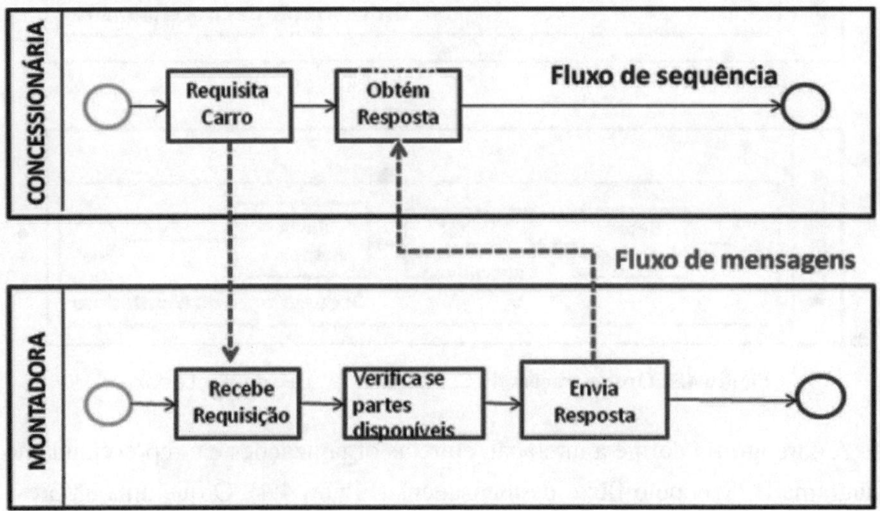

Figura 4.2: Processo `Concessionária-Montadora` **com fluxo de sequência e fluxo de mensagens**

Uma orquestração compreende os eventos e as atividades dentro de uma empresa. Portanto, tudo que é particular de uma empresa e não é conhecido por outras empresas com as quais possa interagir. A `Concessionária` tem sua orquestração e a `Montadora` tem a sua dentro dos retângulos em azul da Figura 4.3. Cada parceiro pode definir seu processo de negócio (orquestração dentro da empresa) na linguagem que achar mais apropriada, por exemplo, WS-BPEL ou outra.

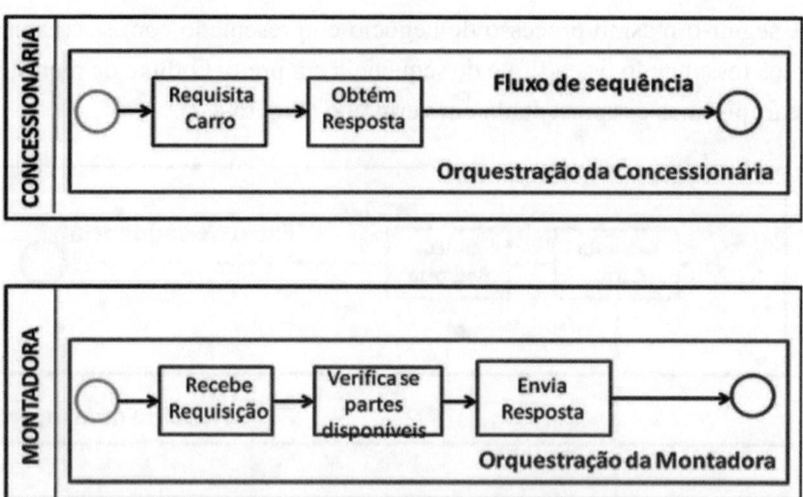

Figura 4.3: Orquestrações da Concessionária **e da** Montadora

A coreografia define a interação entre as organizações e é representada no diagrama BPMN pelo fluxo de mensagens (Figura 4.4). O que uma empresa precisa saber sobre o processo da outra é a ordem em que as mensagens são trocadas e os pontos em que ocorrem envio e recepção de mensagens entre os processos em cada piscina.

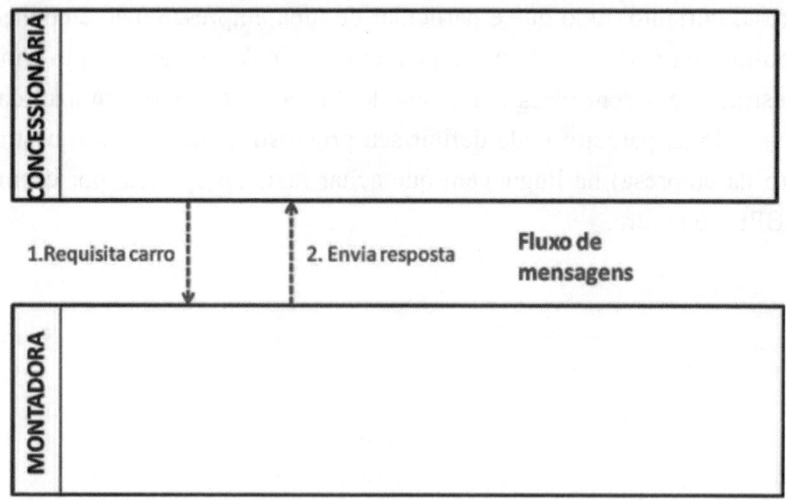

Figura 4.4: Coreografia do processo da Concessionária **e da** Montadora

Considerando-se os padrões mencionados, a pilha de serviços Web completa está representada na Figura 4.5 com as novas camadas para Composição e Coordenação de serviços.

Composição WS-BPEL, WS-CDL	
Coordenação/Transações WS-Coordination, WS-AtomicTransaction, WS-BusinessActivity	
Descrição WSDL, XML schema	Publicação UDDI
Mensagem SOAP	
Transporte HTTP, HTTPS, SMTP	Formato XML

Figura 4.5: Pilha de serviços Web

4.2 Orquestração de Serviços com WS-BPEL

Um serviço pode ser simples (atômico) ou composto por outros serviços. A composição de serviços permite a definição de aplicações mais complexas através da agregação de outros componentes. Uma composição de serviços exige que cada organização envolvida num serviço composto se responsabilize pela implementação de seus serviços usando alguma linguagem de programação ou uma linguagem de orquestração como WS-BPEL. Além disso, é necessário que cada serviço seja implementado de acordo com protocolos públicos que estabelecem onde e como ocorrem as interações entre os serviços de outras organizações. Essa seção trata da linguagem de orquestração WS-BPEL.

A linguagem WS-BPEL é um padrão de composição definido por OASIS (Organization for the Advancement of Structured Information Standards)que herda características de linguagens anteriores como WSFL da IBM e XLANG da Microsoft. Atualmente se encontra na sua versão 2.0.

BPEL permite a descrição de processos abstratos e processos executáveis. No primeiro caso, somente as interações externas entre parceiros que participam de processos interorganizacionais precisam ser descritas. Processos executáveis contêm também a lógica do parceiro de negócio. Para facilitar uma cooperação, uma empresa pode disponibilizar os processos abstratos de seus processos de negócio.

O modelo WS-BPEL para orquestração de serviços consiste em:

- atividades da orquestração: são as atividades básicas da orquestração;
- controle de fluxo das atividades: são as atividades estruturadas da orquestração;
- variáveis que são do tipo mensagem WSDL ou esquema XML e são utilizadas como parâmetros das atividades;
- participantes da orquestração definidos pelos *partner link types* e *partner links*. O endereço do serviço (*endpoint*) pode ser definido estaticamente ou dinamicamente;
- comportamento transacional: as atividades da composição podem ser executadas de forma atômica se forem definidos escopos para blocos de atividades e ações de compensação para desfazer efeitos desses blocos;
- tratamento de exceções: se exceções são retornadas após a execução de uma operação, elas podem ser tratadas por blocos de tratamento de exceção para esse fim;
- tratamento de eventos:numa composição podem ser definidos blocos para tratar eventos como alarmes ou associados a mensagens;
- informação de correlação: são dados que identificam a qual instância de processo uma mensagem está associada.

O documento WS-BPEL tem o formato da Figura 4.6. O símbolo '*' indica 0 ou mais elementos, o símbolo '?', 0 ou 1.

```
<process name="ncname"
targetNamespace="uri"
    xmlns="http://schemas.xmlsoap.org/ws/2004/03/business-process/">
<import> *
<partnerLinks> *
 <variables> *
<correlationSets> *
<faultHandlers>*
<compensationHandlers>*
<eventHandlers> *
    activity *
</process>
```

Figura 4.6: Documento WS-BPEL

Mostraremos um exemplo simples de orquestração a partir do processo interorganizacional simplificado que envolve a Concessionária e a Montadora na Figura 4.1. A Concessionária faz o pedido de um carro e a Montadora verifica se tem as partes necessárias para sua montagem, respondendo se é possível montar o carro ou não.

O arquivo wsdl da Montadora está especificado na Figura 3.11.

O relacionamento é definido entre os papéis MOrole e COrole da Montadora e Concessionária respectivamente. O *partner link* definido identifica a interação entre a Concessionária e o serviço, como mostra a figura 4.7. O prefixo mon se refere ao espaço de nomes onde são definidas as interfaces da Montadora. A definição do *partnerLinkType* é normalmente feita no arquivo WSDL do serviço.

```
<plnk:partnerLinkType name="MOLinkType">
<plnk:role name="MOrole" portType="mon:MOPT"/>
</plnk:partnerLinkType>
```

Figura 4.7: Definição do *PartnerLinkType*

Já a definição dos *partnerLinks* é feita no arquivo BPEL (Figura 4.8).

```
<partnerLinks>
<partnerLink name="Provider"
             partnerLinkType="mon:MOLinkType"
myRole="MORole" />
</partnerLinks>
```

Figura 4.8: Definição do *PartnerLink*

As variáveis estão definidas na Figura4.9.

```
<variables>
<variable name="RequisitaMessage"  messageType="mon:RequisitaType"/>
<variable name="Resposta"messageType="mon:RespostaType"/>
</variables>
```

Figura 4.9: Definição das variáveis

A orquestração é uma sequência de atividades que podem ser básicas ou estruturadas.

Algumas das atividades básicas são listadas na figura Figura 4.10.

Invoke	Realiza uma chamada de operação do tipo *request/reply* ou *one-way*
Reply	Envia resposta de uma invocação
Receive	Recebe mensagem de um cliente

Assign	Atribui valores a variáveis
Wait	Bloqueia execução de uma atividade por um período

Figura 4.10: Atividades Básicas do WS-BPEL

As atividades básicas podem ser aninhadas por atividades estruturadas. Algumas delas se encontram na Figura 4.11.

Sequence	Contém um conjunto de atividades a serem executadas sequencialmente
Flow	Agrupa atividades a serem executadas paralelamente
Switch	Cada atividade está associada a uma condição. A atividade associada à primeira condição verdadeira é executada enquanto as outras são ignoradas. É possível especificar atividade *otherwise* que será executada quando nenhuma condição é verdadeira
Pick	Cada atividade está associada a um evento. Quando um evento ocorre, a atividade associada é executada
While	Executa uma atividade repetidas vezes enquanto uma condição for verdadeira

Figura 4.11: Atividades estruturadas do WS-BPEL

Cada atividade define implicitamente um escopo. Escopos também podem ser definidos explicitamente.Cada escopo pode definir um ou mais *fault handlers* que tratam as falhas geradas pela máquina de execução ou falhas geradas explicitamente pela atividade *throw*. Quando uma falha ocorre, as atividades dentro do escopo são terminadas e as atividades do *fault handler* são executadas.Para cada escopo, é possível especificar blocos de compensação para desfazer semanticamente atividades dentro do escopo.

No exemplo, a orquestração (Figura 4.12) compreende as atividades para receber a requisição da operação `montaCarroOP`, verificar a disponibilidade de partes para montar o carro e responder para a `Concessionária`.

```
<process name="ServicoMontadora"
   targetNamespace="http://www.montadora.com.br/bpel"
   xmlns="http://docs.oasis-open.org/wsbpel/2.0/process/executable"
   xmlns:mon="http://www.montadora.com.br/wsdl"

<! - -
    Import
  - - >

partnerLinks

variables
<sequence>
<! - - Recebe requisição para montar carro da concessionária - - >
          <receive partnerLink="Provider"
                  portType="mon:MOPT"
                  operation="mon:montaCarroOP"
                  variable="RequisitaMessage"
createInstance="yes"/>
<! - - Verifica disponibilidades das partes  - ->
<! - - Envia resposta para concessionária  - ->
<reply partnerLink="Provider"
             portType="mon:MOPT"
             operation="mon:montaCarroOP"
             variable="Resposta"/>
</sequence>
```

Figura 4.12: Exemplo de processo em WS-BPEL

Outras extensões têm sido propostas a WS-BPEL como atividades realizadas por pessoas [3] e serviços semânticos [3].

4.3 Coreografia de Serviços com WS-CDL

A W3C definiu uma recomendação para especificação de coreografia de serviços em 2004 chamada *Web Services Choreography Language* (WS--CDL). O objetivo da linguagem é estabelecer regras que auxiliem a colaboração entre organizações.

O modelo WS-CDL consiste em:

- ❖ participantes, papéis e comportamentos dos participantes: identificam as partes colaborando no processo de negócio;
- ❖ variáveis, *tokens* e tipos de informação: identificam os dados que são trocados entre as partes;
- ❖ canais: definem os pontos de colaboração;
- ❖ coreografia: define a colaboração entre as partes.

Um documento WS-CDL tem o seguinte formato apresentado na Figura 4.13. O símbolo '*' indica 0 ou mais elementos e o símbolo '?', 0 ou 1.

```
<package
  name="ncname" author="xsd:string"? version="xsd:string"?
  targetNamespace="uri"
  xmlns="http://www.w3.org/2004/12/ws-chor/cdl">
<importDefinition> *
<informationType> *
  <token> *
  <tokenLocator> *
  <roleType> *
  <relationshipType> *
  <participantType> *
  <channelType> *
  Choreography-Notation*
</package>
```

Figura 4.13: Documento em WS-CDL

Para explicar cada um desses elementos, seguiremos com nosso exemplo de processo de negócio para uma `Concessionária` e `Montadora` mostrando a coreografia na Figura 4.14.

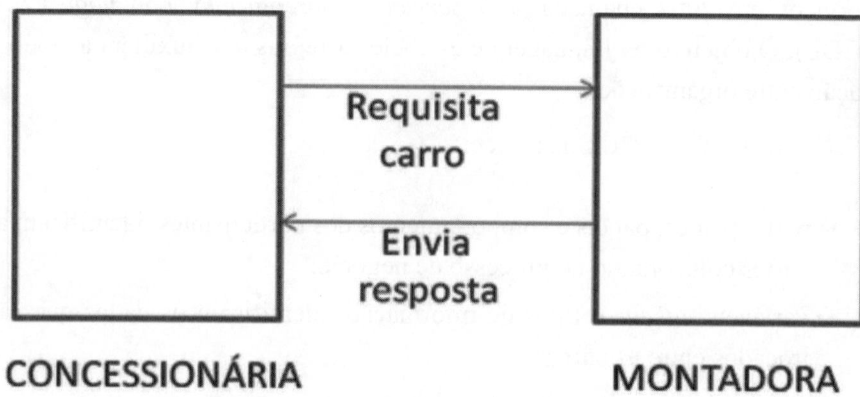

Figura 4.14: Processo Interorganizacional `Concessionária` **e** `Montadora`

As partes que colaboram são descritas pelos elementos participantes que executam papéis como mostrado na Figura 4.15. Cada papel pode ter vários comportamentos definidos por interfaces WSDL. Os relacionamentos associam comportamentos a pares de papéis.

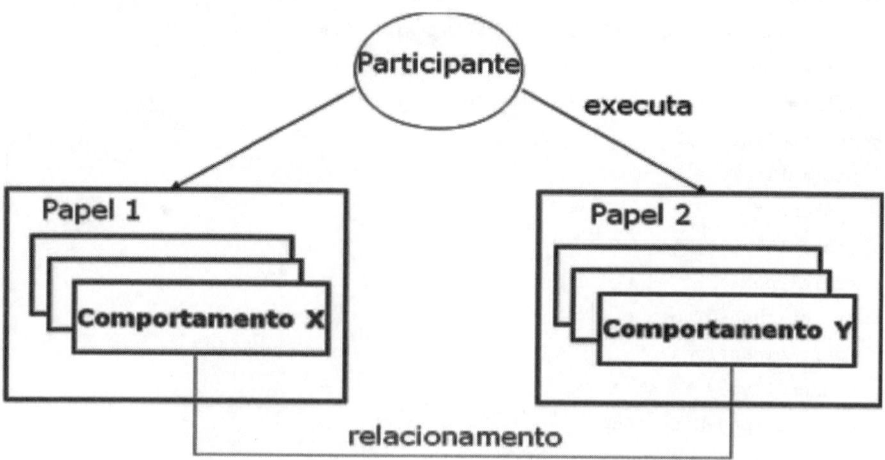

Figura 4.15: Descrição dos participantes e seus papéis

No exemplo, temos os participantes `Concessionária` e `Montadora` representando cada organização. Os participantes `Concessionária` e `Montadora` têm os papéis `COrole` e `MOrole`, respectivamente. O `MOrole` tem, nesse caso, somente um comportamento, `MObehavior`, e o `COrole` tem o comportamento `CObehavior`. O relacionamento `COMORel` une os papéis `COrole` e `MOrole`. A especificação em WS-CDL encontra-se na Figura 4.16. O prefixo `mon` se refere ao espaço de nomes onde são definidas as interfaces da `Montadora` e o prefixo `con` se refere ao espaço de nomes da `Concessionária`.

```
<roleType name="MOrole">
<behavior name="MObehavior" interface="mon:MOPT"/>
</roleType>
<roleType name="COrole">
<behavior name="CObehavior" interface="con:COPT"/>
</roleType>
<relationshipType name="COMORel">
  <role typeRef="MOrole» behavior="MObehavior»/>
  <role typeRef="COrole» behavior="CObehavior»/>
</relationshipType>
<participantType name="Montadora">
  <role type="MOrole" />
</participantType>
<participantType name="Concessionaria»>
  <role typeRef="COrole» />
</participantType>
```

Figura 4.16: Especificação dos papéis e relacionamentos dos participantes

São os elementos canais que definem onde e como ocorre a troca de informação. Além do papel e comportamento de quem recebe a mensagem, definem o tipo de troca de informação: *request-respond*, *request*, ou *respond*. Além disso, uma informação pode ser passada entre as partes através de variáveis de aplicação, variáveis de estado ou variáveis do tipo canal. O elemento *reference* descreve o alvo (participante) de uma troca de informações. O elemento opcional *identity* distingue as instâncias de conversações. Por exemplo, na Figura 4.17, o canal `MOchannel` é um ponto de colaboração com o papel `Montadora` (`MOrole`) identificado pelo elemento *reference* (`MOref`). A instância da coreografia é identificada pelo elemento *token*.

```
<channelType name="MOchannel" action="request-respond">
<roleType typeRef="tns:MOrole" behavior="MObehavior"/>
     <reference>
     <token name="tns:MOref"/>
     </reference>
     <identity>
     <token name="tns:CarroID"/>
     </identity>
</channelType>
```

Figura 4.17: Definição de canal para o papel `Montadora`

Uma coreografia é uma coleção de atividades que podem ser realizadas por um ou mais participantes. As atividades são do tipo estruturas que agrupam atividades aninhadas ou básicas.

As atividades básicas estão descritas na Figura 4.18.

Interaction	Descreve participantes, informação trocada entre participantes com foco no receptor e no canal
NoAction	Descreve um ponto na coreografia em que um papel não realiza nenhuma atividade
SilentAction	Realiza uma ação em *background* que não afeta o restante da coreografia
Assign	Transfere o valor de uma variável para outra
Perform	Invoca uma coreografia que deve ser executada no contexto da coreografia que chama o *perform*

Figura 4.18: Atividades básicas do WS-CDL

As estruturas que aninham outras atividades são apresentadas na Figura 4.19.

Sequence	Descreve uma ou mais atividades que são executadas de forma sequencial
Parallel	Descreve uma ou mais atividades executadas paralelamente
Choice	Executa somente uma das atividades definidas no bloco
Work unit	Descreve restrições que devem ser válidas para o progresso da coreografia. Contém: atividade aninhada, guarda e condição de repetição. A execução é iniciada se a guarda for verdadeira e repetida enquanto condição de repetição for verdadeira.

Figura 4.19: Atividades Estruturadas do WS-CDL

A definição da coreografia para a `Concessionária` e a `Montadora` é apresentada na Figura 4.20.

```
<package
   name="COMOChoreography"
   xmlns="http://www.w3.org/2004/12/ws-chor/cdl"
   targetNamespace="http://www.COMO.com/COMOChoreography"
xmlns:xsd="http://www.w3.org/2001/XMLSchema"
   xmlns:tns="http://www.COMO.com/COMOChoreography"
xmlns:mon="http://www.montadora.com.br/wsdl"

   <informationType name="RequisitaType" type="mon:RequisitaMessage"/>
   <informationType name="RespostaType" type="mon:RespostaMessage"/>
   <informationType name="CarroIdType" type="xsd:string"/>
```

```
<token name="MOref" informationType="types:uriType"/>
<token name="CarroId" informationType="tns:CarroIdType"/>
<tokenLocator token="tns:CarroID"
     informationType="types:RequisitaType" query="/CarroID"/>

<roles> …
<participants> …

<channels> …

<choreography name="COMOChoreography"  root="true">
   <relationship type="tns:COMOrel"/>
   <variableDefinitions>
   <variable name="Carro"
       informationType="tns:RequisitaType" mutable="false" />
   <variable name="Resposta"
       informationType="tns:RespostaType" mutable=false"/>
   <variable name="MOchannelvar" channelType="tns:MOchannel"
                roleTypes="tns:COrole tns:MOrole"/>
   </variableDefinitions>

   <sequence>
   <interaction name="montaCarro"
      channelVariable="tns:MOchannelvar"
      operation="MontaCarroOP" initiate="true">
   <participate relationshipType="tns:COMOrel"
         fromRoleTypeRef="tns:COrole" toRoleTypeRef="tns:MOrole"/>
   <exchange name="requisitaCarro"
        informationType="tns:RequisitaType" action="request">
   <send variable=
```

```
            "cdl:getVariable('tns:Carro','','')"/>
    <receive variable=
                "cdl:getVariable('tns:Carro','','')"/>
    </exchange>
    <exchange name="respondeRequisicao"
        informationType="tns:RespostaType" action="respond">
    <send variable="
                "cdl:getVariable('tns:Resposta','','')"/>
    <receive variable="
                    "cdl:getVariable('tns:Resposta','','')"/>
    </exchange>
    </interaction>
    </sequence>
</choreography>
</package>
```

Figura 4.19: Coreografia para o processo Concessionária **e** Montadora

Algumas das limitações existentes na especificação WS-CDL [5] são a necessidade de validação através de linguagens mais formais e o mapeamento completo com outros padrões Web. Como WS-CDL tem algumas características em comum com WS-BPEL, outras pesquisas têm sido realizadas para definir um novo padrão de coreografia que se encaixe melhor na pilha de serviços Web ou estender o próprio WS-BPEL para conter todos os elementos necessários a uma especificação de coreografia [3].

4.4 Protocolos de Coordenação

Aplicações são geralmente complexas envolvendo uma série de operações e chamadas a serviços que devem ser executados em certa ordem. Protocolos de coordenação visam garantir que essas restrições de ordem sejam obedecidas. Existe um padrão OASIS para a especificação de protocolos de coordenação chamado *WS-Coordination*[6] que consiste em:

- um serviço de ativação para que uma aplicação crie uma instância de coordenação com um contexto de coordenação;
- um serviço de registro para que uma aplicação se registre em um protocolo de coordenação;
- um conjunto de protocolos de coordenação de tipos específicos.

As entidades envolvidas no protocolo podem ser coordenadoras ou participantes. Um protocolo de coordenação é um conjunto de regras governando a conversação entre um ou mais coordenadores e os vários participantes. Um exemplo de protocolo é o de término de transações em duas fases[10]. Um protocolo está associado a um contexto de coordenação, que é enviado em cada mensagem pertencendo ao protocolo.

Os tipos de interações entre os participantes e coordenadores são:

- Operacionais: trocadas entre dois serviços Web. São mensagens específicas da aplicação;
- *WS-Coordination*: trocadas entre participantes e coordenadores (para ativação e registro);
- Específicas de protocolo: trocadas entre participantes e coordenadores. São mensagens específicas do tipo de protocolo criado.

Veremos exemplos dos vários tipos de interação a seguir com os protocolos *WS-AtomicTransaction* e *WS-BusinessActivity*.

WS-AtomicTransaction [7] é uma especificação OASIS que deve ser usada com o framework *WS-Coordination* para implementar as propriedades tudo ou nada de atividades distribuídas. Inclui vários protocolos do tipo transações atômicas distribuídas. Na Figura 4.20 mostramos um exemplo de protocolo de duas fases com confirmação para o exemplo da `Montadora`. A atividade `Verifica DisponibilidadePeca` na organização `Montadora` pode exigir peças de várias empresas e o carro só poderá ser montado se todas as peças estiverem disponíveis.

---

10 Do inglês *two-phase commit protocol*

A aplicação `Montadora` cria o contexto da transação junto ao Coordenador e se registra (operações do protocolo *WS-Coordination*). Em seguida, como mostra a Figura 20, invoca a operação `VerificaDisponibilidadePeca` na `Empresa1` (operação específica da aplicação) que chega com o contexto da transação. Isso permite que a `Empresa1` se registre no Coordenador. A `Montadora` precisa também verificar disponibilidade de peça na `Empresa2`. Se ambas as peças estiverem disponíveis, a `Montadora` pode iniciar a execução do protocolo de decisão em duas fases com a mensagem *Commit* para o Coordenador, que envia *Prepare* para todos os participantes registrados (mensagens específicas do protocolo de decisão), espera a resposta dos participantes e envia *Commit* se todos concordarem, ou seja, se todos enviarem a mensagem *Prepared* dentro de um limite de tempo. O Coordenador finalmente espera a confirmação dos participantes (mensagem *Committed*) para encerrar o protocolo. Na Figura 4.20, as mensagens *CreateCoordinationContext* e *Register* pertencem ao protocolo *WS-Coordination*, a mensagem `VerificaDisponibilidadePeca` é específica da aplicação e as mensagens *commit*, *prepare*, *prepared* e *committed* são específicas do protocolo de decisão em duas fases.

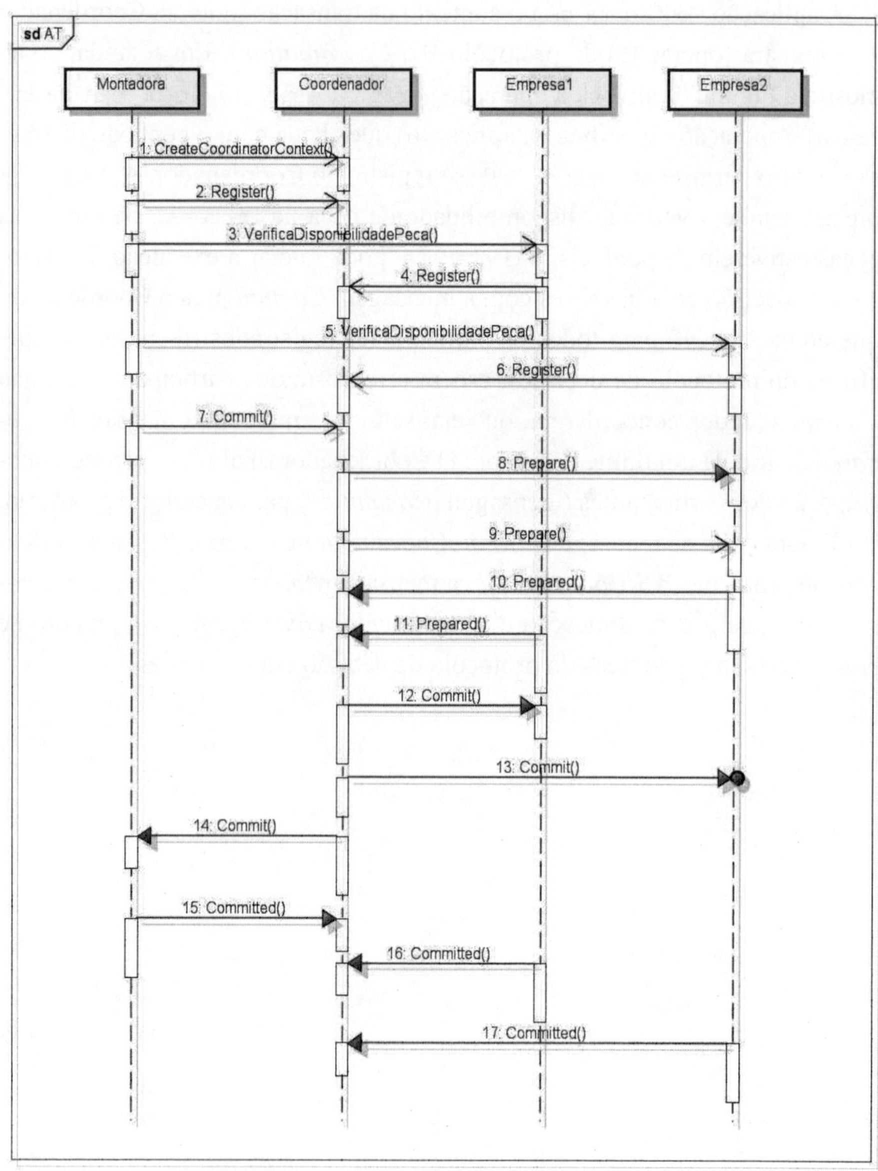

Figura 4.20: Protocolo de decisão em duas fases

O protocolo *WS-BusinessActivity* [8] também utiliza o framework *WS--Coordination*. Enquanto o *WS-AtomicTransaction* garante a propriedade de atomicidade, *WS-BusinessActivity* permite que atividades de longa duração exponham seus efeitos sem que todos os participantes tenham terminado. Resultados expostos podem ser desfeitos através de ações de compensação. Na Figura 4.21, as atividades de negócio são realizadas com sucesso. As mensagens *CreateCoordinationContext* e *Register* pertencem ao protocolo *WS-Coordination*, a mensagem `VerificaDisponibilidadePeca` é específica da aplicação e as mensagens *close* e *closed* são específicas do protocolo *WS-BusinessActivity*.

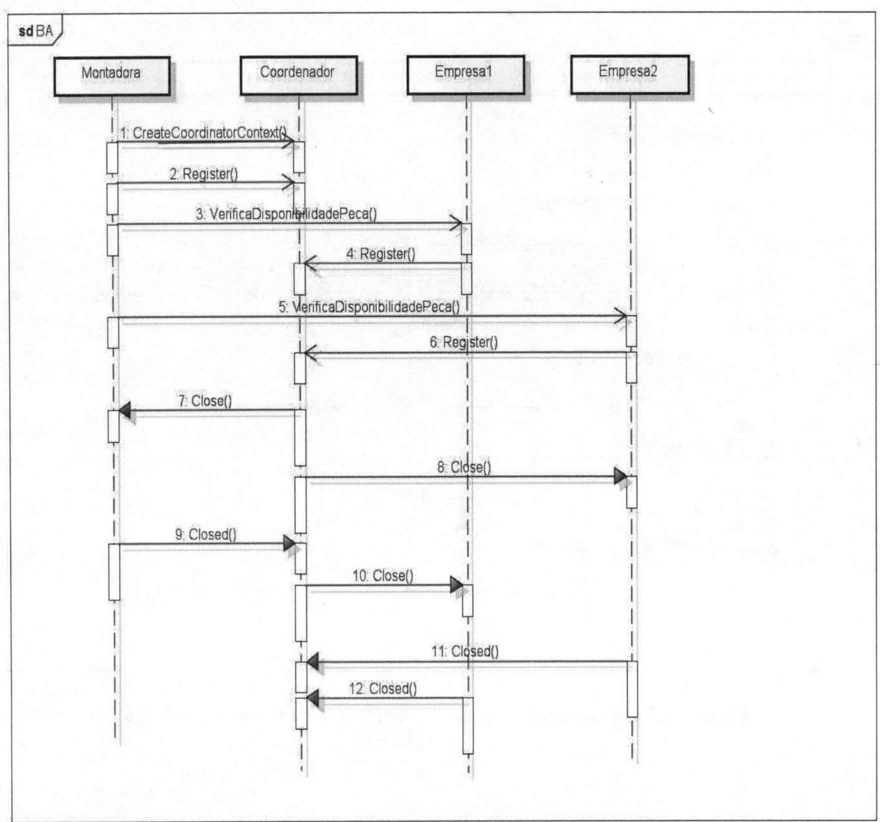

Figura 4.21: Protocolo *Business Activity* **- término com sucesso**

Na Figura 4.22, as atividades de negócio terminam com falha pela impossibilidade de a `Empresa2` terminar a atividade com sucesso. As mensagens *CreateCoordinationContext* e *Register* pertencem ao protocolo WS-Coordination, a mensagem `VerificaDisponibilidadePeca` é específica da aplicação e as mensagens *completed*, *faulted*, *compensate*, *forget*, *compensated* são específicas do protocolo *WS-BusinessActivity*. O parceiro que completar envia para o Coordenador *completed* (se terminar com sucesso) ou *faulted* (se terminar com falha). Os parceiros que terminarem com sucesso podem ter que desfazer seus resultados através de ações compensatórias se algum outro parceiro falhar.

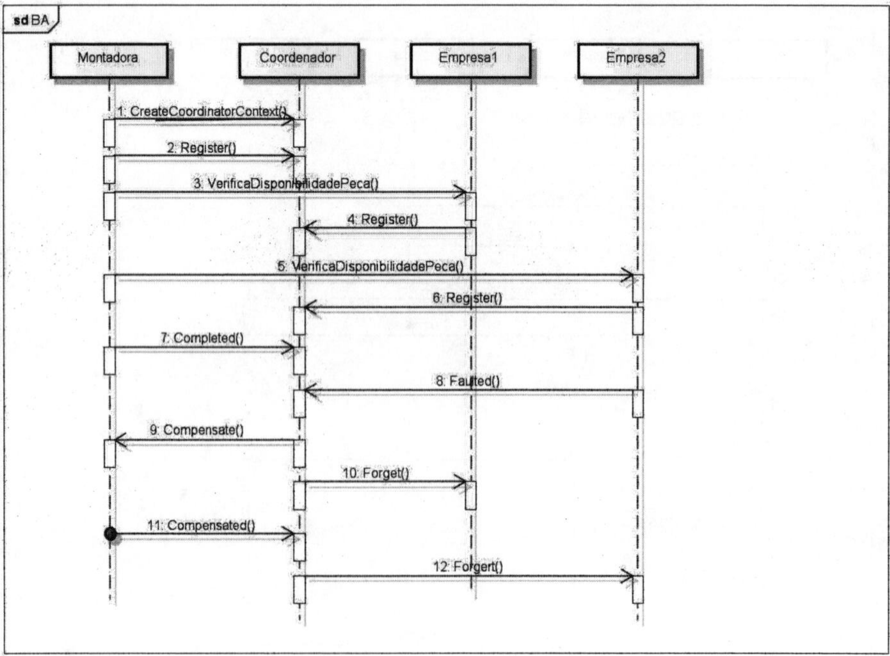

Figura 4.22: Protocolo *Business Activity* - término com falha

Referências

[1] A. Alves *et alii*(Eds.). Web Services Business Process Execution Language (WS-BPEL) Version 2.0. OASIS Standard 2007, disponível em:http://docs.oasis-open.org/wsbpel/2.0/OS/wsbpel-v2.0-OS.html. Acessado em 2011.

[2] Nickolas Kavantzas *et alii* (Eds s). Web Services Choreography Language (WS-CDL) Version 1.0. W3C Working Draft 2004, disponível em: http://www.w3.org/TR/2004/WD-ws-cdl-10-20041217/. Acessado em 2011.

[3] Frank Leymann. "Workflow-based Coordination and Cooperation in a Service World".*Lecture Notes in Computer Science* 4275, 2006.

[4] Object Management Group – Business Process Management Initiative, BPMN Implementors And Quotes, disponível em: http://www.bpmn.org/BPMN_ Supporters.htm. acessado em 2011.

[5] Alistair Barros; Marlon Dumas; Phillipa Oaks;*A CriticalOverview of the Web Services Choreography Description Language*. BP Trends, março/2005.

[6] M. Feingold; R. Jeyaraman (Eds.). OASIS Web Services Coordination (WS-Coordination), 2009, disponível em:http://docs.oasis-open.org/ws-tx/wscoor/2006/06. Acessado em 2011.

[7] M. Little; A. Wilkinson (Eds.). OASIS Web Services Atomic Transaction (WS-AtomicTransaction), 2009, disponível em: http://docs.oasis--open.org/ws-tx/wsat/2006/06. acessado em 2011.

[8] T. Freund; M. Little (Eds.). OASIS Web Services Business Activity (WS--BusinessActivity), 2009, disponível em: http://docs.oasis-open.org/ws-tx/wsba/2006/06. acessado em 2011.

5

Qualidade de Serviço

Na Gestão de Processos de Negócio (GPN) existe a necessidade de especificar os processos de negócio considerando as suas características não funcionais com o objetivo de selecionar as suas partes componentes. Essa necessidade de descrever os atributos de Qualidade de Serviço dos processos de negócio mostra a importância da gerência de características não funcionais na GPN, incluindo questões tais como a especificação das características não funcionais dos processos de negócio e a descoberta das atividades de negócio considerando os seus atributos de Qualidade de Serviço (QoS[11]). Neste capítulo, os principais aspectos envolvidos na gerência de QoS dos processos de negócio baseados em serviços eletrônicos serão discutidos.

5.1 Processos de Negócio e QoS

Na abordagem de processos de negócio baseados em serviços eletrônicos, os processos de negócio incluem atividades que representam os serviços eletrônicos providos pelos parceiros de negócio. Durante a execução desses processos de negócio, tais atividades são realizadas pelos serviços selecionados nos repositórios de serviços eletrônicos.

---

11 Do inglês *Quality of Service.*

Os Sistemas de Gestão de Processos de Negócio (SGPN) podem apoiar a interação que ocorre quando uma organização incorpora serviços eletrônicos de outras organizações nos seus próprios processos de negócio [1]. Entretanto, as organizações consumidoras de serviços eletrônicos raramente desejam procurar pelos serviços considerando apenas os seus requisitos funcionais e invocá-los sem conhecer as capacidades não funcionais dos serviços eletrônicos selecionados.

Para que a tecnologia de serviços eletrônicos possa apoiar adequadamente a GPN, são necessárias algumas habilidades adicionais que satisfaçam os requisitos da Gestão de Processos de Negócio relacionados à gerência de QoS. Portanto, é necessário incluir a gerência de características não funcionais na arquitetura de serviços eletrônicos para que as vantagens proporcionadas pela tecnologia de serviços eletrônicos possam ser aproveitadas na GPN [2].

Um caso de uso do mundo real sobre o modelo de Provedor de Serviço de Internet Virtual (VISP[12]) motiva o desenvolvimento de soluções para essa questão. O modelo de negócio VISP [3] é baseado nos processos de negócio que utilizam serviços eletrônicos de parceiros de negócio e constitui um caso típico da utilização dos SGPN baseados em serviços eletrônicos. No modelo de negócio VISP, os Provedores de Serviço de Internet especificam os seus serviços como serviços eletrônicos, incluindo as suas características não funcionais, tais como a sua disponibilidade, o seu tempo de resposta, a sua taxa de serviço, dentre outros atributos de QoS. Uma organização interessada em tornar-se um VISP pode procurar pelos serviços eletrônicos desejados considerando os seus requisitos não funcionais e integrá-los em um produto virtual, o qual pode então ser vendido no mercado. Como muitos Provedores de Serviço de Internet podem fornecer os mesmos serviços eletrônicos básicos, mas com diferentes níveis de qualidade, os mecanismos de descoberta de serviços eletrônicos deveriam considerar não somente a adequação funcional dos serviços, mas também a sua QoS.

---

12 Do inglês *Virtual Internet Service Provider.*

Para as organizações, a capacidade de especificar os seus processos de negócio considerando as suas características não funcionais proporciona uma vantagem direta: as organizações podem traduzir os seus objetivos de negócio nos seus processos de modo mais eficiente, pois os processos de negócio podem ser projetados de acordo com métricas de qualidade e os serviços parceiros podem ser selecionados de forma a melhor satisfazer as expectativas das organizações consumidoras.

5.2 Serviços Web e QoS

O número crescente de organizações provedoras de serviços eletrônicos, especialmente provedoras de serviços Web, produziu novas demandas na especificação e na descoberta desses serviços. As organizações consumidoras de serviços precisam de ferramentas para localizar serviços apropriados disponíveis na Web. Isso impõe alguns desafios, não somente nos mecanismos de descoberta de serviços eletrônicos, mas também na garantia de informações suficientes sobre os serviços disponibilizados na Web [4]. Para que as organizações consumidoras possam selecionar os serviços adequados, as organizações provedoras devem produzir especificações dos seus serviços que ofereçam as informações necessárias, que devem ser publicadas.

Os repositórios de serviços eletrônicos, tal como o padrão de repositório para a tecnologia de serviços Web chamado *Universal Description Discovery & Integration* (UDDI), são um passo para satisfazer essas demandas. Tipicamente, os repositórios de serviços tornam possível a publicação e a descoberta de serviços baseadas em aspectos funcionais. Entretanto, as demandas das organizações consumidoras podem incluir não apenas os aspectos funcionais dos serviços desejados, mas também os seus aspectos não funcionais. Assim, a descoberta de serviços depende das habilidades para descrever os atributos de QoS dos serviços e verificar a compatibilidade entre as capacidades não funcionais dos serviços e os requisitos de QoS das organizações consumidoras.

Particularmente, na tecnologia de serviços Web, o padrão *Web Services Description Language* (WSDL) é utilizado para descrever alguns aspectos funcionais dos serviços Web. Já a especificação de políticas para atributos de QoS, por meio da utilização do padrão *Web Services Policy Framework* (WS--Policy), permite que as especificações dos serviços sejam capazes de satisfazer as demandas das organizações consumidoras de serviços de uma forma mais abrangente, incluindo os seus requisitos funcionais e não funcionais.

Portanto, o padrão *WS-Policy* pode ser utilizado para complementar as descrições WSDL dos serviços e o padrão de repositórios UDDI pode ser estendido para incluir as políticas *WS-Policy* para os atributos de QoS dos mesmos serviços.

A pilha básica da tecnologia de serviços Web constituída dos padrões SOAP (para mensagens), WSDL (para descrição de serviços), UDDI (para publicação e descoberta de serviços) e WS-BPEL (para composição de serviços) não permite a gerência de QoS. Para isso, uma nova camada deve ser adicionada à pilha de serviços Web, conforme apresentado na Figura 5.1.

Figura 5.1: Camada de QoS na pilha de padrões de serviços Web

Essa nova camada cruza as demais, já que as questões de QoS estão presentes em diferentes camadas da pilha. Na camada de descrição de serviços (WSDL) é necessário descrever QoS além da funcionalidade do serviço. A gerência de QoS de um serviço individual é uma questão presente nessa camada. Na camada de descoberta (UDDI), a questão principal é a seleção de serviços que satisfaçam as demandas completas da organização consumidora, e tais demandas incluem, não raramente, atributos de QoS. Já na camada de composição de serviços, representada principalmente pelo padrão WS-BPEL, é necessário descrever as dependências de QoS entre os serviços que formam um serviço composto. Assim, é nessa camada que acontece a gerência de QoS da composição de serviços como um todo.

5.3 Benefícios da Gerência de QoS

A Figura 5.2 mostra a importância das informações de QoS na Arquitetura Orientada a Serviços. Em cada fase do ciclo de serviços envolvido na arquitetura, a vantagem proporcionada pela inclusão e pela utilização das informações de QoS é destacada [5]. Conforme indicado na figura, no momento inicial do ciclo, ou seja, quando uma organização provedora de serviços publica um serviço eletrônico em um repositório de serviços (Passo 1 na figura), a inclusão das informações sobre as características não funcionais dos serviços permite diferenciar os serviços providos pelas organizações competidoras. Na segunda fase da arquitetura (Passo 2), a presença das informações não funcionais possibilita determinar os serviços que melhor atendem à requisição da organização consumidora que busca por um serviço em um repositório e, portanto, auxilia na seleção entre os serviços com a mesma funcionalidade. No momento da utilização do serviço selecionado, a fase final envolvida na arquitetura (Passo 3), as informações de QoS do serviço podem ser utilizadas para apoiar a gerência da sua execução por meio do monitoramento e do controle da execução baseados nos atributos de QoS publicados.

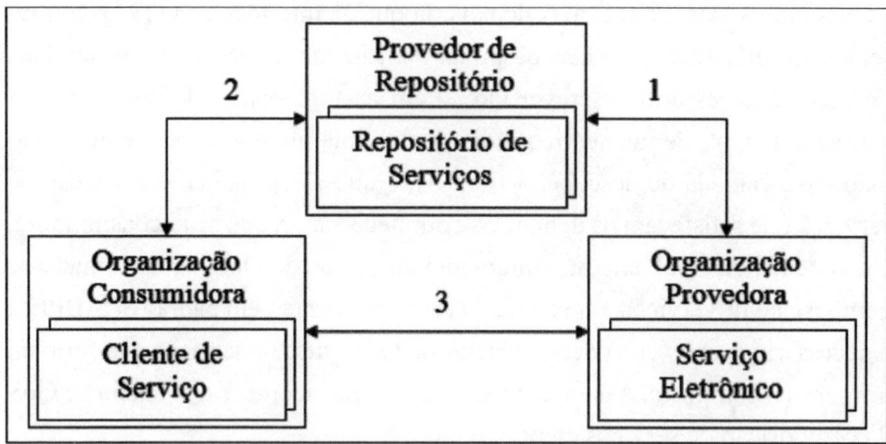

Figura 5.2: QoS na Arquitetura Orientada a Serviços

A gerência de QoS proporciona diversos benefícios à GPN. Ela pode ajudar a garantir a correta operação do processo de negócio, além de ser por ela que se alcançam os níveis de qualidade divulgados pela organização provedora e esperados pela organização consumidora. A gerência de QoS também permite que alguns problemas no serviço eletrônico ou no ambiente operacional do processo de negócio sejam detectados e corrigidos. Outro importante benefício da gerência de QoS é que ela torna possível balancear a relação entre o nível de qualidade e o preço do serviço e, com isso, é possível garantir o oferecimento de diferentes alternativas de execução de um mesmo serviço. Além disso, as descrições de características não funcionais publicadas possibilitam a composição de serviços baseada em critérios de qualidade e também tornam possível a avaliação dos caminhos de execução alternativos para a adaptação dos processos de negócio.

Um exemplo da gerência de QoS é ilustrado na Figura 5.3 [5]. Essa figura mostra uma organização consumidora que utiliza um serviço provido por outra organização. A organização provedora oferece um serviço que executa uma operação de análise financeira. Esse serviço é utilizado pelo sistema de apoio à tomada de decisão empregado pela organização consumidora. Como o desempenho de tal sistema é de grande importância, o tempo de resposta da operação de análise financeira deve ser mensurado (Componente 1 na figura) e avaliado por meio da sua comparação com os requisitos de QoS da organização consumidora (Componente 2). Um sistema de contabilidade é responsável por calcular o preço a ser pago pela organização consumidora pela utilização do serviço. Esse sistema é responsável também pelo cálculo das possíveis penalidades que a organização provedora deve pagar caso o serviço provido não esteja dentro do que foi prometido pela organização provedora quando da sua seleção por parte da organização consumidora (Componente 3).

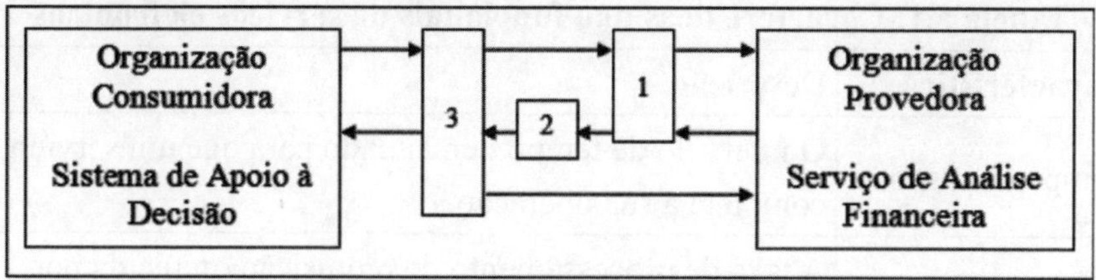

Figura 5.3: Exemplo da gerência de QoS

5.4 Atributos de QoS

A funcionalidade de um serviço eletrônico diz respeito às operações executadas por aquele serviço. Um serviço de cotação de moedas, por exemplo, pode informar a cotação atual de uma determinada moeda ao receber como entrada as duas moedas de referência. Já a QoS de um serviço eletrônico está relacionada à qualidade da execução daquele serviço, isto é, a maneira como o serviço realiza as suas operações. Conforme pode ser percebido ao longo deste capítulo, além do termo "QoS" ("Qualidade de Serviço"), "não-funcionalidade" é outro termo que pode ser utilizado para indicar a qualidade da execução de uma operação e, portanto, os termos "atributos de QoS" e "características não funcionais" são utilizados frequentemente na literatura relacionada para indicar as propriedades de qualidade de um serviço eletrônico.

Os exemplos mais comuns de QoS de serviços eletrônicos incluem informações tais como "o tempo de resposta médio de um serviço é de um determinado número de segundos" e "a disponibilidade de um serviço é de uma determinada porcentagem". Não existe uma lista universalmente aceita de atributos de QoS. Algumas características não funcionais são consideradas como propriedades de qualidade por alguns autores, enquanto outros autores não as classificam como tal. As informações sobre a segurança e o preço de um serviço são exemplos de tais características. Listamos na Tabela 5.1 as propriedades frequentemente consideradas como atributos de QoS na literatura.

Tabela 5.1. Características não funcionais de serviços eletrônicos

Característica	**Descrição**
Tempo de resposta	O intervalo de tempo demandado para que um serviço complete a sua operação.
Taxa de serviço	A taxa de processamento de requisição oferecida por um serviço.
Escalabilidade	O crescimento da taxa de serviço em um determinado intervalo de tempo.
Capacidade	O número de requisições concorrentes permitido por um serviço.
Disponibilidade	A porcentagem de tempo em que um serviço está operante.
Confiabilidade	O intervalo de tempo para a continuidade da operação correta de um serviço e para a transição para um estado correto.
Custo	A medida do custo envolvido na utilização de um serviço.
Segurança	Definição sobre mecanismos de confidencialidade, integridade, autenticação e autorização oferecidos por um serviço.
Transmissão de mensagem confiável	Determinação sobre o oferecimento de mecanismos para garantir a entrega confiável de mensagens por um serviço.

Integridade transacional	Definição sobre o oferecimento de propriedades transacionais por um serviço.
Interoperabilidade	Determinação sobre a compatibilidade de um serviço com os perfis de interoperabilidade.

A gerência de características não funcionais inclui diversas atividades. Três importantes atividades da gerência de QoS são discutidas nas próximas seções, incluindo:

- Especificação de características não funcionais;
- Publicação de atributos de QoS e descoberta de serviços considerando atributos de QoS;
- Verificação de características não funcionais com o objetivo de garantir níveis de qualidade.

5.5 Especificação de QoS

A especificação de QoS é a descrição dos atributos de QoS de um serviço eletrônico. Existem diferentes abordagens para a especificação de QoS, que pode ser implícita e, nesse caso, como a descrição dos atributos de QoS é construída dentro da implementação do serviço eletrônico, ela não é flexível. Uma abordagem mais flexível utiliza uma linguagem de descrição de QoS para criar documentos independentes que especificam a QoS dos serviços. Alguns exemplos importantes dessas linguagens para a especificação de QoS são descritos a seguir, incluindo algumas linguagens que descrevem os atributos de QoS na forma de uma classe de serviço eletrônico, um Acordo de Nível de Serviço (SLA[13]) ou uma política de serviço.

13 **Do inglês:** *Service Level Agreement.*

5.5.1 Linguagem para Classes de Serviço

A linguagem *Web Service Offerings Language* (WSOL) [6] é uma notação baseada na linguagem *eXtensible Markup Language* (XML) para especificar múltiplas ofertas de serviço para um mesmo serviço Web. Uma oferta de serviço é uma representação de uma classe de serviço para um serviço eletrônico. Uma classe de serviço é uma variação da funcionalidade e da qualidade de um serviço. As classes de serviço podem ser diferentes com relação ao privilégio de utilização, à prioridade de serviço, ao tempo de resposta garantido às organizações consumidoras, dentre outros fatores. As diferentes classes de serviço demandam diferentes modos de utilizar os recursos de hardware e de software disponíveis no ambiente operacional do serviço eletrônico e possuem custos diferentes.

A sintaxe da linguagem WSOL é definida utilizando o padrão *XML Schema Definition* (XSD). A linguagem WSOL complementa a linguagem WSDL com alguns componentes necessários para a implementação do mecanismo de ofertas de serviço. Ela permite a especificação dos atributos funcionais e não funcionais, das entidades responsáveis pelo monitoramento das restrições nas ofertas de serviço e dos relacionamentos entre as ofertas existentes. As características não funcionais incluem o tempo de resposta, a confiabilidade e a disponibilidade do serviço eletrônico.

Na Figura 5.4, um exemplo de uma oferta de serviço na linguagem WSOL é mostrado. Essa oferta de serviço especifica o limite máximo do tempo de resposta do serviço garantido pela organização provedora para a oferta de serviço em questão.

```
<wsol:offeringType name="buyStockO1" ...>
  <wsol:QoSconstraintList ...>
    <wsol:QoSconstraint name="MaxResponseTime" ...>
      <wsol:QoSname qName="QoSns:responsetime"/>
      <wsol:QoStype typeName="QoSns:max"/>
      <wsol:qValue>50</wsol:qValue>
    </wsol:QoSconstraint>
  </wsol:QoSconstraintList>
</wsol:offeringType>
```

Figura 5.4: Exemplo de descrição de atributo de QoS na linguagem WSOL

5.5.2 Linguagem para Acordos de Nível de Serviço

O modelo *Web Service Level Agreement* (WSLA) [7] define mecanismos para especificar e monitorar SLA para serviços Web. Um aspecto importante de um contrato para serviços de tecnologia da informação é o conjunto de garantias da QoS dos serviços, referido como SLA. O modelo WSLA inclui uma linguagem e uma arquitetura de tempo de execução. A linguagem WSLA é baseada no padrão XSD. Ela permite a especificação de garantias de qualidade para serviços Web. Tipicamente, um documento na linguagem WSLA define diversos parâmetros de QoS tais como a disponibilidade e o tempo de resposta do serviço. A arquitetura provê mecanismos para verificar os atributos dos serviços de acordo com uma especificação na linguagem WSLA.

Um documento na linguagem WSLA referencia um documento na linguagem WSDL e complementa a descrição do serviço com as informações necessárias para a gerência do SLA. A Figura 5.5 apresenta uma visão geral do ciclo de vida da gerência de SLA.

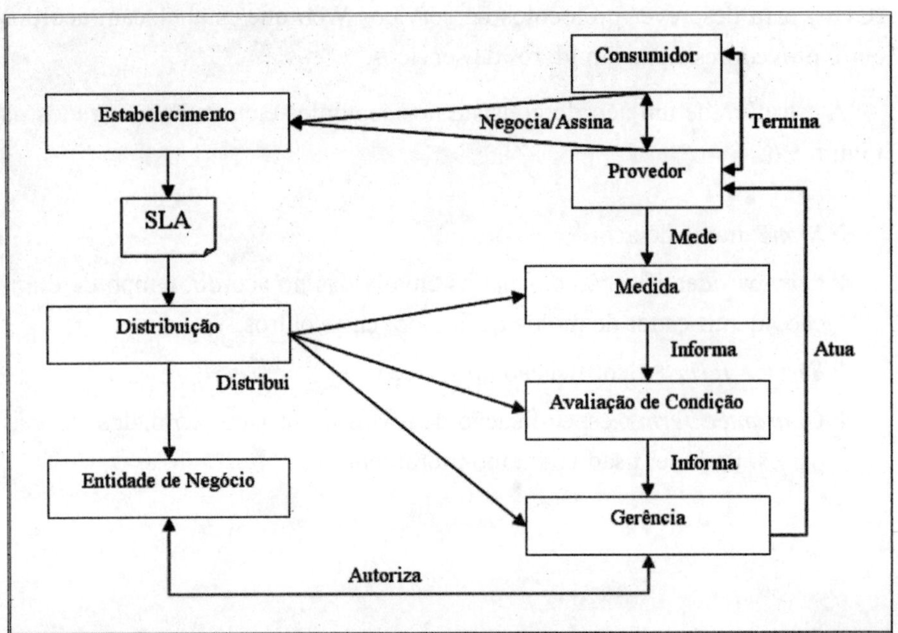

Figura 5.5: Modelo WSLA

As fases do ciclo de vida ilustrado na figura são descritas a seguir:

- **Estabelecimento**: o acordo SLA é negociado e assinado pelas partes envolvidas;
- **Distribuição**: as cláusulas apropriadas do SLA são distribuídas às partes;
- **Medida de nível de serviço**: a arquitetura verifica os parâmetros do SLA e compara os atributos medidos com os limites definidos no SLA;
- **Ações corretivas**: quando a violação de um termo do SLA é detectada, as ações corretivas podem ser executadas;
- **Término**: o SLA pode conter as condições necessárias para a sua conclusão e as penalidades a que uma parte ficará sujeita se transgredir as cláusulas do SLA.

5.5.3 Padrão WS-Agreement

O padrão *WS-Agreement* é uma especificação do Global Grid Forum (GGF) para descrever protocolos de serviços Web que estabeleçam acordos entre provedores e consumidores de serviços.

A estrutura de um acordo consiste nos seguintes elementos mostrados na Figura 5.6:

- *Name*: nome do acordo;
- *Context*: identificação das partes envolvidas no acordo, tempo de duração, identificador de molde de acordo, entre outros;
- *Service Terms*: identificação do serviço;
- *Guarantee Terms*: especificação de níveis de serviço acordados entre as partes. Pode ser usado para monitoramento.

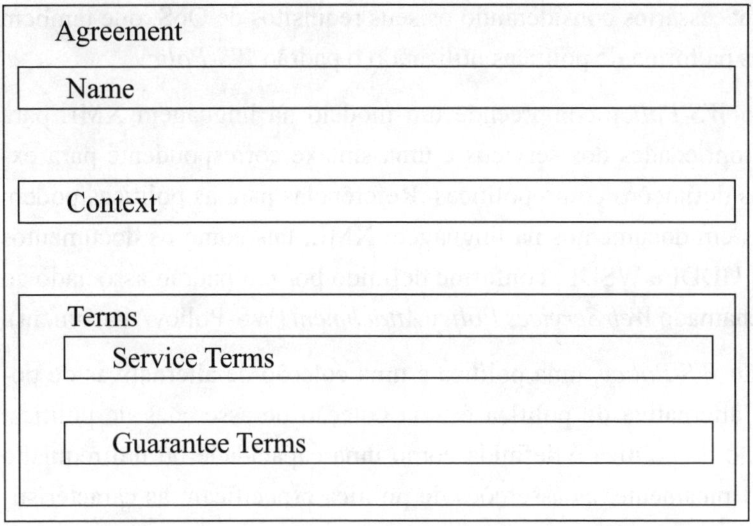

Figura 5.6: Estrutura de um acordo em *WS-Agreement*

Para criar um acordo, um cliente faz uma oferta para uma fábrica de acordos que disponibiliza um conjunto de moldes de acordos. Moldes de acordos têm o mesmo formato que um acordo com uma seção adicional de restrições. Essa seção tem os valores dos termos do acordo.

O padrão *WS-Agreement* não é somente uma linguagem para descrever acordos, mas também define um ambiente para controlar o ciclo de vida completo de um acordo.

5.5.4 Padrão WS-Policy

O padrão *Web Services Policy Framework* (WS-Policy) [8] é a recomendação do consórcio *World Wide Web Consortium* (W3C) para a criação de políticas para serviços Web. Esse padrão é utilizado pelas organizações provedoras para expressar as suas políticas referentes ao provimento e à utilização dos seus serviços eletrônicos por parte das organizações consumidoras de serviços.

Na abordagem apoiada pelo padrão *WS-Policy*, as organizações provedoras de serviços eletrônicos especificam os seus serviços nos documentos que definem as suas políticas. Assim, as organizações consumidoras podem selecionar os serviços necessários considerando os seus requisitos de QoS, que também são descritos na forma de políticas utilizando o padrão *WS-Policy*.

O padrão *WS-Policy* compreende um modelo na linguagem XML para definir as propriedades dos serviços e uma sintaxe correspondente para expressar essas definições como políticas. Referências para as políticas podem ser incluídas em documentos na linguagem XML, tais como os documentos dos padrões UDDI e WSDL, conforme definido por um padrão associado ao *WS-Policy* chamado *Web Services Policy Attachment* (WS-PolicyAttachment).

No padrão *WS-Policy*, uma política é uma coleção de alternativas de política. Cada alternativa de política é uma coleção de asserções de política. Uma asserção de política é definida como uma capacidade ou um requisito individual. Tipicamente, as asserções de política especificam as características que são importantes para a seleção e a utilização apropriadas dos serviços oferecidos pelas organizações provedoras, como, por exemplo, as características não funcionais dos serviços. O exemplo na Figura 5.7 apresenta uma especificação de política em *WS-Policy*. O exemplo ilustra uma política para atributos de qualidade utilizando uma asserção que define o tempo de resposta oferecido por um serviço Web (Linhas 06-10).

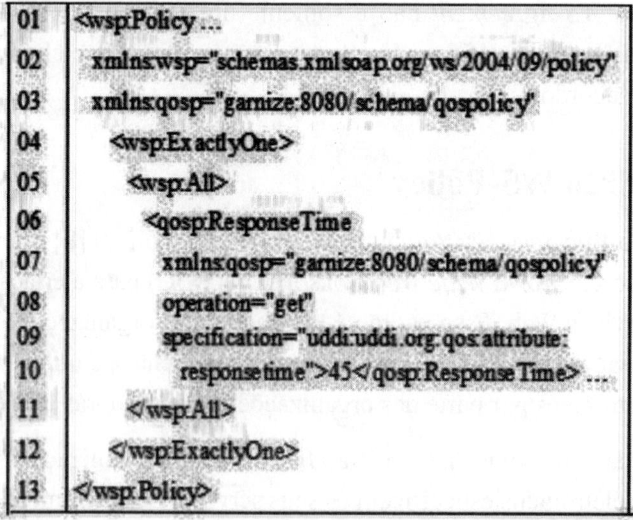

```
01 <wsp:Policy ...
02   xmlns:wsp="schemas.xmlsoap.org/ws/2004/09/policy"
03   xmlns:qosp="garnize:8080/schema/qospolicy"
04     <wsp:ExactlyOne>
05       <wsp:All>
06         <qosp:ResponseTime
07           xmlns:qosp="garnize:8080/schema/qospolicy"
08           operation="get"
09           specification="uddi:uddi.org:qos:attribute:
10             responsetime">45</qosp:ResponseTime> ...
11       </wsp:All>
12     </wsp:ExactlyOne>
13 </wsp:Policy>
```

Figura 5.7: Exemplo de política descrevendo QoS

O padrão *WS-Policy* define um formato normalizado para especificar as políticas com o objetivo de facilitar a sua manipulação. A forma normal de política do padrão *WS-Policy* é uma disjunção das alternativas de uma política e uma conjunção das asserções em cada uma das alternativas da política. Ela é mostrada na Figura 5.8.

```
<wsp:Policy ... >
  <wsp:ExactlyOne>
    ( <wsp:All>
      ( <Assertion ...> ... </Assertion> )*
    </wsp:All> )*
  </wsp:ExactlyOne>
</wsp:Policy>
```

Figura 5.8: Forma normal de política do padrão *WS-Policy*

O padrão define algumas operações para o processamento das políticas, incluindo as seguintes:

- ❖ **Normalização**: é o processo de converter as políticas à forma normal;
- ❖ **Junção**: é o processo de criar uma única política a partir da junção de duas políticas;
- ❖ **Interseção**: é o processo de comparar políticas entre si para verificar se elas possuem asserções comuns.

Alguns padrões baseados no padrão *WS-Policy* foram propostos com o objetivo de aplicar o modelo de política definido em algumas áreas de QoS visando à especificação das propriedades dessas áreas. Por exemplo, as linguagens *Web Services Security Policy Language* (WS-SecurityPolicy) e *Web Services Reliable Messaging Policy Assertion* (WS-RM Policy) proveem um conjunto de asserções de política para descrever como os serviços eletrônicos trabalham em termos de segurança e transmissão confiável de mensagens, respectivamente.

5.6 Seleção de Serviços

Para possibilitar a descoberta de serviços considerando QoS é necessário publicar as especificações de QoS. Essa publicação pode ser realizada com os mesmos repositórios de serviços utilizados para publicar a funcionalidade dos serviços.

Diversas abordagens foram desenvolvidas para possibilitar a publicação das características não funcionais dos serviços eletrônicos e a consideração dessas características na descoberta dos serviços. Em seguida, alguns sistemas de seleção de serviços eletrônicos com atributos de QoS são apresentados com o objetivo de exemplificar as diversas abordagens propostas na literatura. Os sistemas apresentados implementam as suas abordagens como extensões para o padrão de repositórios UDDI.

5.6.1 Compartilhamento de Experiências

O sistema *UDDI Extension* (UX) [9] foi proposto para auxiliar as organizações consumidoras na descoberta de serviços com os atributos de QoS requeridos, incluindo o tempo de resposta, a confiabilidade e o custo do serviço. No modelo proposto, a avaliação das organizações consumidoras sobre a qualidade dos serviços utilizados é considerada. Por meio do compartilhamento das experiências das organizações consumidoras, o sistema gera os sumários que especificam as características não funcionais dos serviços utilizados.

Cada domínio de rede inclui um sistema UX. O compartilhamento de experiências acontece entre as organizações consumidoras no mesmo domínio, considerando que, em um domínio particular, todas as organizações consumidoras observam os atributos de QoS similares. A organização consumidora deve descrever as suas preferências em um perfil. Por exemplo, uma organização consumidora pode preferir os serviços com o tempo de resposta menor ou com o custo menor. Uma aplicação cliente para o servidor UX deve ser utilizada pela organização consumidora para fazer as consultas. O sistema gera o resultado de acordo com o perfil da organização consumidora. A Figura 5.9 mostra os componentes do sistema.

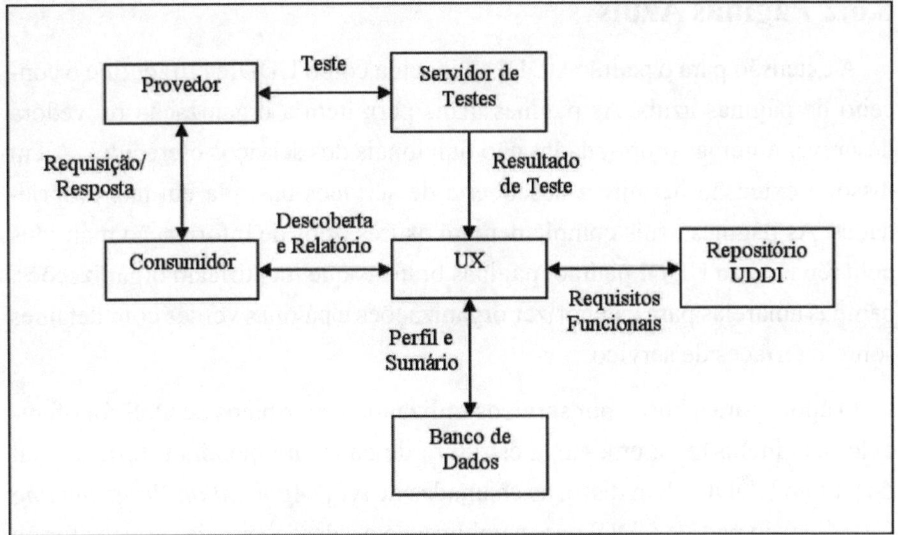

Figura 5.9: Sistema UX

A organização consumidora consulta o servidor UX para descobrir os serviços desejados. Então, ela invoca os serviços selecionados e mede a QoS dos mesmos. Em seguida, ela gera os relatórios para registrar as informações sobre a QoS e os envia ao servidor. No modelo, um repositório UDDI padrão registra as descrições dos serviços do domínio local. O repositório UDDI é conectado ao servidor UX como um repositório secundário. O servidor gera um sumário dos relatórios para cada serviço regularmente. Os sumários são utilizados na descoberta de serviços. A organização consumidora inclui o seu identificador na consulta e o servidor extrai as informações do seu perfil armazenado no banco de dados. O servidor ordena os serviços retornados pelo repositório UDDI de acordo com os sumários e as preferências da organização consumidora. Quando o sistema não possui relatórios recentes para um serviço, pode não ser possível determinar sua QoS. Nesse caso, um servidor de testes pode ser empregado para gerar os relatórios para os serviços registrados no repositório local.

5.6.2 Páginas Azuis

A extensão para o padrão UDDI conhecida como UDDIe [10] define o conceito de páginas azuis. As páginas azuis permitem à organização provedora descrever algumas propriedades não funcionais dos serviços oferecidos. Além disso, a extensão permite a descoberta de serviços baseada em tais propriedades. As páginas azuis complementam os três tipos de informação mantidos pelo repositório UDDI padrão: páginas brancas que identificam organizações, páginas amarelas para categorizar organizações e páginas verdes com detalhes sobre interfaces de serviços.

O apoio para a busca por serviços utilizando os atributos de QoS foi oferecido pela inclusão de uma nova estrutura de dados no modelo informacional do padrão UDDI. Além disso, as chamadas de API (*Application Programming Interface*) do padrão UDDI para a publicação e a descoberta de serviços foram estendidas para a inclusão dos atributos de QoS. O repositório UDDIe foi empregado no contexto da computação em grade. Nesse contexto, um serviço é um código científico ou uma rotina matemática e possui os atributos codificados na sua interface, tais como, os requisitos de largura de banda, Unidade Central de Processamento e memória. A Figura 5.10 mostra um exemplo de um documento na linguagem WSDL que especifica um serviço de acordo com o modelo proposto.

```
<?xml version="1.0" encoding="UTF-8"?>
  <wsdl:definitions
    xmlns:wsdl="http://schemas.xmlsoap.org/wsdl/" ...
    targetNamespace="http://ServiceInterface">
      <wsdl:message name="printNameResponse">
      </wsdl:message> ...
    <QoS>
      <network_bandwidth>512K</network_bandwidth>
      <memory>64MB</memory> ...
    </QoS>
  </wsdl:definitions>
```

Figura 5.10: Exemplo de descrição de serviço no modelo UDDIe.

No modelo UDDIe, o padrão WSDL é estendido para especificar as características não funcionais diretamente nas interfaces dos serviços. A linguagem WSDL é projetada para descrever a funcionalidade dos serviços Web. Tipicamente, os aspectos funcionais são mais fixos que os não funcionais. Uma maior flexibilidade é alcançada utilizando um documento separado para descrever os atributos de QoS, que podem mudar sem alterar o documento WSDL.

5.6.3 Dados Históricos

Outro modelo proposto [11] é apresentado na Figura 5.11. Nele, três componentes são adicionados à arquitetura básica de serviços: servidor, mediador e agente para atributos de QoS.

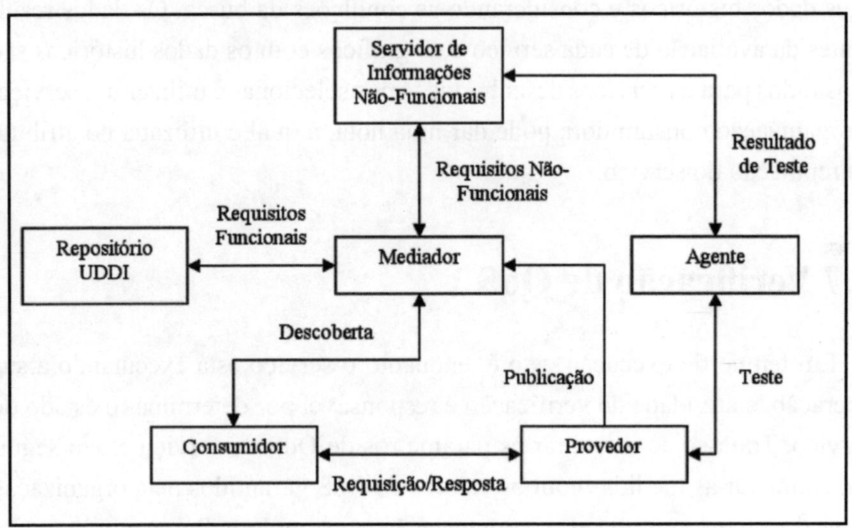

Figura 5.11: Modelo para a utilização de dados históricos

Um mediador descobre os serviços desejados utilizando as informações incluídas nas consultas enviadas pela organização consumidora. Uma consulta inclui não apenas as informações sobre a funcionalidade do serviço contidas em uma consulta UDDI padrão, mas também algumas propriedades de QoS e informações sobre a condição da organização consumidora. As propriedades não funcionais consideradas são: reputação, tempo de resposta, disponibilidade e confiabilidade. As informações sobre a condição da organização consumidora incluem o período e a área.

Um servidor de informações não funcionais possui os dados históricos sobre cada serviço nele registrado. Um agente testa os serviços registrados em um servidor regularmente, de acordo com as informações enviadas pelo servidor. Ele utiliza os dados de teste gerados a partir dos arquivos WSDL dos serviços. Os resultados dos testes são armazenados no servidor.

Para a descoberta de serviços, o mediador extrai a parte funcional da consulta e a envia ao repositório UDDI. Se algum serviço retornado pelo UDDI não foi registrado no servidor anteriormente, ele é registrado pelo mediador. Em seguida, o servidor calcula os valores dos atributos de QoS utilizando os seus dados históricos e considerando as condições da busca. Os dados resultantes da avaliação de cada serviço e os gráficos com os dados históricos são mostrados para os serviços descobertos. Após selecionar e utilizar um serviço, a organização consumidora pode dar uma nota, a qual é utilizada no atributo de reputação do serviço.

5.7 Verificação de QoS

Em tempo de execução, isto é, enquanto o serviço está executando a sua operação, a atividade de verificação é responsável por determinar o estado do serviço. Trata-se de mensurar os parâmetros de QoS do serviço e, em seguida, comparar as medidas com os valores de QoS garantidos pela organização provedora e disponibilizados à organização consumidora. Por exemplo, pode-se mensurar o tempo que o serviço gasta para completar a operação, isto é, o seu tempo de resposta para a operação em questão, e, em seguida, comparar o tempo de resposta mensurado com o tempo de resposta máximo garantido pela organização provedora.

A verificação é o passo inicial para o controle de QoS, isto é, para garantir que o serviço esteja no estado desejado. A reconfiguração do serviço e a realocação dos recursos podem acontecer como consequência da verificação de QoS. Após a mensuração e a avaliação de um parâmetro de QoS, pode ser necessário modificar o serviço ou o ambiente computacional onde o serviço é executado para que ele volte ao estado desejado. A reconfiguração do serviço inclui a troca de um dos serviços componentes, isto é, no caso de um serviço composto, a implementação de um dos serviços componentes pode ser substituída. Além disso, a reconfiguração do serviço pode envolver a reestruturação do serviço composto por meio de uma composição alternativa. A realocação dos recursos computacionais compreende uma mudança no ambiente operacional do serviço. Ela pode envolver a mudança das prioridades entre os serviços da organização provedora ou a mudança das prioridades entre as organizações consumidoras. Isso é realizado por meio do redirecionamento dos recursos computacionais, por exemplo, o poder de processamento, a um serviço particular ou para satisfazer as requisições de uma organização consumidora específica. Outra atividade que faz parte do controle de QoS é a cobrança de penalidades quando o serviço monitorado não está no estado desejado. Assim, se uma determinada característica de QoS medida do serviço não está de acordo com o valor garantido para aquela característica, uma penalidade, por exemplo, uma multa em dinheiro, pode ser aplicada à organização provedora. Quando a atividade de controle não consegue garantir o estado desejado do serviço, pode ser necessário notificar o administrador responsável pelo serviço e isso pode levar a uma mudança nos requisitos da organização consumidora ou nas garantias da organização provedora.

Diversas abordagens foram desenvolvidas para verificar as características não funcionais dos serviços. Alguns trabalhos na área de verificação de QoS são apresentados nas seções seguintes para exemplificar as diferentes abordagens propostas.

5.7.1 Certificação

Um modelo de serviços Web estendido [12], mostrado na Figura 5.12, inclui um novo componente chamado de certificador de atributos de QoS. O certificador é responsável por verificar as declarações de QoS das organizações provedoras antes da publicação dos serviços.

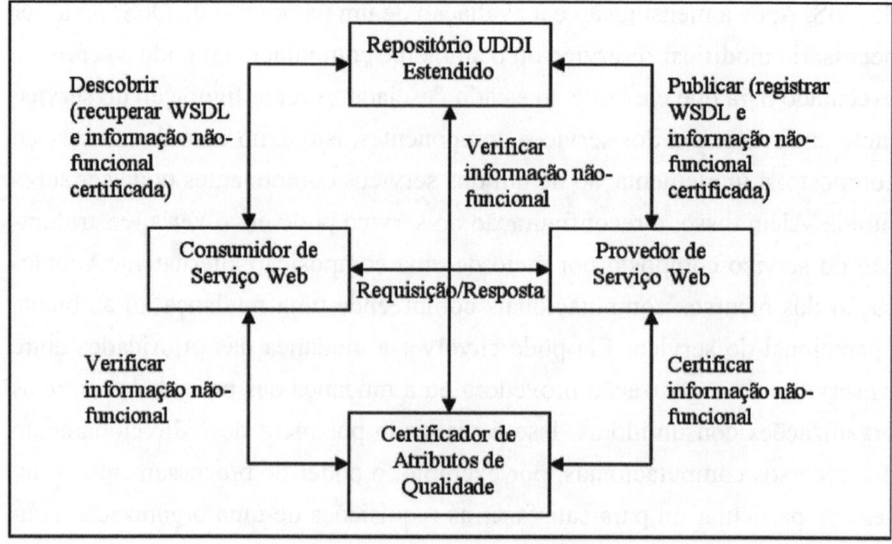

Figura 5.12: Certificação de QoS de serviços

A organização provedora deve informar as características não funcionais do serviço ao certificador. O certificador pode ajustar as informações declaradas caso variações sejam detectadas. O resultado é registrado no repositório do certificador e retornado à organização provedora juntamente com um identificador para a certificação. O repositório UDDI deve verificar a existência do certificado antes de publicar o serviço.

As organizações consumidoras podem verificar a validade das informações sobre as características não funcionais dos serviços utilizando os identificadores de certificação.

5.7.2 Monitoramento

Um trabalho na área de verificação de QoS [13] identifica algumas limitações da arquitetura de serviços. Ele identifica que o papel de um monitor está ausente e a arquitetura básica não impõe uma verificação para motivar as organizações provedoras a aprimorarem e manterem a qualidade dos seus serviços. Considerando as limitações identificadas, um novo modelo foi proposto. Ele é apresentado na Figura 5.13.

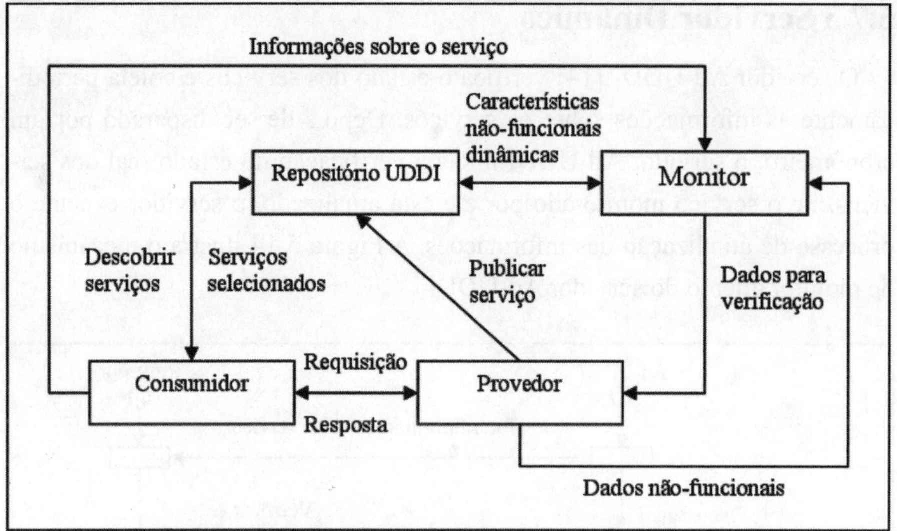

Figura 5.13: Monitoramento de QoS de serviços

A organização provedora especifica o serviço utilizando uma extensão da linguagem WSDL. A descrição de serviço aprimorada pode incluir características não funcionais. Ela define se o serviço pode ser considerado nas descobertas de serviços envolvendo critérios de QoS.

As organizações provedoras publicam os serviços nos repositórios UDDI, que informam aos monitores a publicação dos novos serviços. Os monitores coletam as informações não funcionais e as armazenam nos seus repositórios próprios. As características não funcionais são verificadas frequentemente. Além dos resultados do monitoramento, as informações sobre os serviços providas pelas organizações consumidoras são consideradas.

As organizações consumidoras enviam as requisições aos repositórios UDDI especificando os seus requisitos funcionais e não funcionais. Os repositórios são responsáveis por descobrir os serviços que satisfazem os requisitos funcionais e os requisitos não funcionais estáticos. Eles devem encaminhar as requisições aos monitores para determinar os serviços que satisfazem os requisitos não funcionais dinâmicos.

5.7.3 Servidor Dinâmico

O servidor Ad-UDDI [14] verifica o estado dos serviços e coleta periodicamente as informações sobre os serviços. Depois de ser disparado por um cronômetro, o servidor Ad-UDDI inicia a verificação do estado real dos serviços. Se o serviço monitorado por ele está atualizado, o servidor executa o processo de atualização das informações. A Figura 5.14 ilustra o mecanismo de monitoramento do servidor Ad-UDDI.

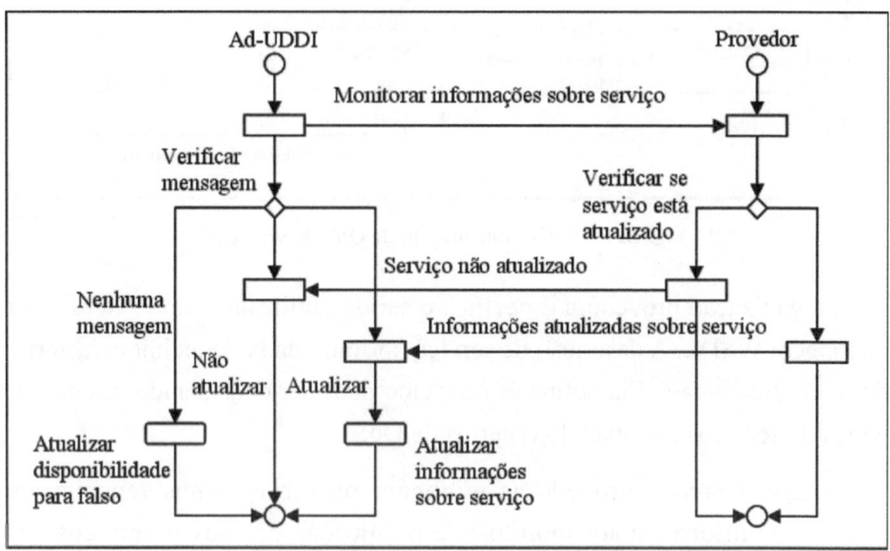

Figura 5.14: Repositório UDDI com mecanismo para atualização de informações

Para o monitoramento, o servidor Ad-UDDI envia as mensagens à organização provedora periodicamente, contendo o nome, a chave e a versão registrados do serviço. A organização provedora verifica os itens das mensagens, comparando-os com os dados atuais do serviço, e retorna as mensagens para indicar se existe a necessidade de atualizar as informações sobre o serviço contidas no repositório UDDI. Se nenhuma mensagem é retornada em um determinado período de tempo, o serviço é considerado indisponível e o servidor declara a indisponibilidade do serviço. O servidor inclui a seguinte estratégia de monitoramento:

- ❖ As informações sobre um serviço são canceladas após dez minutos de monitoramento sem mensagens retornadas;
- ❖ Ao receber uma mensagem de retorno, o servidor atualiza as informações sobre o serviço e determina a disponibilidade do serviço;
- ❖ Ao receber uma requisição para a descoberta de serviços, o servidor Ad-UDDI busca somente entre os serviços disponíveis.

5.8 Considerações Finais

Na abordagem da Gestão de Processos de Negócio baseados em serviços eletrônicos, os processos de negócio são formados a partir da composição de serviços eletrônicos. Para que uma organização possa incorporar os serviços eletrônicos de outra organização nos seus processos de negócio é necessário que a organização provedora forneça uma descrição completa dos seus serviços, uma descrição que inclua não apenas as características funcionais dos serviços, mas que também expresse as capacidades não funcionais dos mesmos.

Neste capítulo, a importância da inclusão da gerência de características não funcionais na arquitetura orientada a serviços foi discutida e os atributos de QoS mais comuns foram descritos. Três atividades são importantes na gerência de QoS: a especificação das características não funcionais, a descoberta de serviços considerando os atributos de QoS e a verificação de QoS. Diferentes abordagens de especificação de QoS foram apresentadas neste capítulo, incluindo as abordagens de classes de serviço, acordos SLA e políticas. Na área da seleção de serviços considerando QoS, algumas abordagens propostas na literatura foram mostradas, tais como o compartilhamento de experiências, as páginas azuis e a utilização de dados históricos. Por fim, diferentes abordagens para a verificação de atributos de QoS foram apresentadas, incluindo a certificação e o monitoramento de QoS e o servidor dinâmico que utiliza o monitoramento para manter atualizadas as informações registradas nos repositórios de serviços.

Referências

[1] Brahim Medjahed; Boualem Benatallah; Athman Bouguettaya; Anne H. H. Ngu; Ahmed K. Elmagarmid. Business-to-business interactions: Issues and enabling technologies. *VLDB Journal*, 12(1):59-85, 2003.

[2] J. Leon Zhao; Hsing Kenneth Cheng. Web services and process management: A union of convenience or a new area of research? *Decision Support Systems*, 40(1):1-8, 2005.

[3] Le-Hung Vu; Manfred Hauswirth; Karl Aberer. "QoS-based service selection and ranking with trust and reputation management". *In:* Robert Meersman*et alii* (Eds.)."OTM Conferences '05: Proceedings of the OTM Confederated International Conferences CoopIS, DOA, and ODBASE"*Lecture Notes in Computer Science*3760:466-483. Berlim: Springer, 2005.

[4] Jianchun Fan: Subbarao Kambhampati. A snapshot of public Web services. *SIGMOD Record*, 34(1):24-32, 2005.

[5] Vladimir Tosic; Patrick C.K. Hung. Contract-Based Quality of Service (QoS) Monitoring and Control of XML Web Services. *IEEE CEC/EEE (Tutorial)*, 2006.

[6] Vladimir Tosic, Kruti Patel, e Bernard Pagurek. WSOL: Web Service Offerings Language. *In*: Christoph Bussler*et alii* (Eds.)."WES '02: Proceedings of the CAiSE 2002 International Workshop on Web Services, E-Business, and the Semantic Web".*Lecture Notes in Computer Science*, 2512:57-67. Berlin/Heidelberg: Springer, 2002.

[7] Alexander Keller; Heiko Ludwig. The WSLA framework: Specifying and monitoring service level agreements for Web services. *Journal of Network and Systems Management*, 11(1):57-81, 2003.

[8] Asir S. Vedamuthu *et alii*.. Web Services Policy 1.5 - Framework. W3C, 4/9/2007, disponível em: http://www.w3.org/TR/2007/REC-ws-policy-20070904. Acessado em 11/2009.

[9] Zhou Chen*et alii*. UX: An architecture providing QoS-aware and federated support for UDDI. *In:ICWS '03: Proceedings of the International Conference on Web Services*. CSREA Press, 2003, pp. 171-176.

[10] Ali ShaikhAli *et alii*. "UDDIe: An extended registry for Web services". *In:*.. Washington: IEEE Computer Society, 2003, pp. 85-89.

[11] Eunjoo Lee*et alii*.. "A framework to support QoS-aware usage of Web services". *In:ICWE '05: Proceedings of the 5th International Conference on Web Engineering*. Berlim: Springer, 2005, pp. 318-327.

[12] Shuping Ran. "A framework for discovering Web services with desired quality of services attributes". *In:ICWS '03: Proceedings of the International Conference on Web Services*.CSREA Press, 2003, pp. 208-213.

[13] Zafar U. Singhera. "Extended Web services framework to meet non--functional requirements". *In:SAINT-W '04: Proceedings of the 2004 Symposium on Applications and the Internet Workshops*. . Washington: IEEE Computer Society, 2004, pp. 334-340.

[14] Zongxia Du; Jinpeng Huai; Yunhao Liu. "Ad-UDDI: An active and distributed service registry". *In:* Christoph Bussler; Ming-Chien Shan (Eds.). TES '05: 6th VLDB Intl. Workshop on Technologies for E-Services, volume 3811 de *Lecture Notes in Computer Science*, 3811:58-71. Berlim: Springer, 2006.

6

Contratos Eletrônicos

Contratos eletrônicos são usados para descrever acordos firmados entre organizações para a realização cooperativa de negócios eletrônicos na internet. Eles são usados para detalhar o fornecimento e o consumo de serviços eletrônicos em um processo de negócio, podendo incluir atributos de qualidade de serviço (QoS) acordados entre as partes envolvidas.Este capítulo apresenta os contratos eletrônicos como uma consolidação de vários itens expostos individualmente nos capítulos anteriores. Organizações envolvidas, processos de negócio e atributos de QoS são apresentados aqui como partes, atividades e cláusulas contratuais. Eles são criados para satisfazer a necessidade de formalizar os detalhes envolvidos em acordos de negócio interorganizacionais, que podem ser usados tanto para a definição de direitos e deveres quanto para a própria execução do processo de negócio.

Portanto, neste capítulo, são apresentados os principais conceitos relacionados a contratos eletrônicos, bem como técnicas existentes para aperfeiçoar a elaboração de tais documentos, considerando que diferentes contratos eletrônicos similares devem ser elaborados pelas organizações. Como principal diferencial, um novo metamodelo de contratos eletrônicos é proposto, visando incorporar algumas das principais linguagens de especificação relacionadas à área de processos de negócio apresentadas nos capítulos anteriores: WSDL, WS-BPEL e *WS-Agreement*.

Inicialmente, são apresentados conceitos básicos relacionados a contratos e a contratos eletrônicos. Em seguida, é apresentado um exemplo de aplicação para contratos eletrônicos, para facilitar o entendimento das demais seções. Depois, os principais elementos existentes em contratos eletrônicos são apresentados e,em seguida, os aspectos legais de contratos eletrônicos são discutidos. Na sequência, é apresentado um conjunto de requisitos considerados essenciais na avaliação de contratos eletrônicos E,na seção seguinte, um modelo de ciclo de vida de contratos é discutido. Metamodelos e moldes de contratos são apresentados e, após,são discutidas linguagens de especificação de contratos eletrônicos. O novo metamodelo de contrato eletrônico para serviços Web é proposto e, por fim, alguns exemplos de abordagens para contratos eletrônicos e algumas comparações entre elas encerram o capítulo.

6.1 Conceitos Básicos

Um contrato é um acordo entre duas ou mais partes interessadas em criar relacionamentos mútuos nos negócios ou obrigações legais. Ele define um conjunto de atividades a serem executadas por cada parte, as quais devem satisfazer um conjunto de termos e condições conhecidos como cláusulas contratuais. Contratos são necessários em muitos tipos de transações de negócio. Eles são fundamentais para que organizações comprometam-se em relações comerciais. Praticamente toda transação comercial que cruza as fronteiras de uma organização é acompanhada, implícita ou explicitamente, de um contrato.

Contratos são geralmente documentos volumosos preenchidos com jargões legais e sem facilidades para encontrar cláusulas contratuais relevantes, cujo cumprimento precisa ser considerado pelos parceiros de negócio. Primeiramente, um contrato deve especificar exatamente o produto ou serviço a ser comercializado de modo que ambos, fornecedores e consumidores, saibam o que eles podem esperar e o que é esperado deles.

Além disso, um contrato deve estabelecer as regras de relacionamento de negócio, tais como obrigações e proibições. O contrato deve ainda conter informações para apoiar eventuais julgamentos em caso de discordâncias posteriores.

Um contrato eletrônico é um documento usado para representar um acordo entre organizações parceiras que estão executando processos de negócio por meio da internet, nos quais os serviços negociados são serviços eletrônicos. Contratos eletrônicos podem variar desde um simples pedido de compra para a venda de produtos pela internet até documentos extremamente complexos para um acordo comercial entre parceiros de negócio multinacionais. Eles contêm detalhes a respeito do processo de negócio a ser realizado de forma cooperativa entre as organizações e servem de base para a execução e o acompanhamento do processo definido. Entre os possíveis detalhes contidos em contratos eletrônicos estão informações sobre os serviços eletrônicos a serem executados, dados a serem trocados durante a execução dos serviços eletrônicos, atributos de QoS definidos para esses serviços, custos envolvidos e possíveis operações de controle e monitoramento.

O uso de contratos eletrônicos visa à melhoria da eficiência e da eficácia do processo de estabelecimento de contratos e ao oferecimento de novas oportunidades para as organizações envolvidas. Uma abordagem eletrônica para contratos torna possível o estabelecimento de acordos a custos mais baixos, em um período de tempo menor e sem restrições geográficas [1]. De acordo com Angelov & Grefen [2], os benefícios que podem ser obtidos são de três tipos de valores: financeiros, estratégicos e de processo. Os valores estratégicos incluem casamento de estratégias, vantagem competitiva, informação de gerência e arquitetura de tecnologia de informação estratégica. Os valores de processo incluem qualidade, tempo do ciclo de vida, agilidade e adaptabilidade. Apesar desse conjunto de benefícios, existem também alguns riscos associados ao uso de contratos eletrônicos, tais como[2] riscos políticos, de negócio, do ponto de vista legal, de padronização, de reestruturação interna e de segurança.

6.2 Exemplo de Domínio de Aplicação

Nesta seção, é apresentado um exemplo básico de domínio de aplicação para o qual um contrato eletrônico pode ser estabelecido, e um exemplo simplificado de contrato eletrônico para esse domínio de aplicação.

O exemplo trata do processo de negócio de intermediação para a compra de bilhetes aéreos realizada por uma agência de viagens. Ela interage com seus clientes e com uma companhia aérea com a qual a busca, a reserva e a compra são realizadas. Esse exemplo é baseado no apresentado por Leymann & Roller [3]. O processo de negócio "compra de bilhetes" que envolve essas duas organizações está representado como um diagrama de sequência da UML [7], na Figura 6.1.

Depois de receber de um `cliente` um `itinerário`, a `agênciadeviagens`, desempenhando o papel de `compradordebilhetes`, `solicitabilhetes` à `companhiaaérea`, repassando para ela o `itinerário` em questão. A `companhiaaérea` por sua vez, desempenhando o papel de `vendedordebilhetes`, após a emissão `enviabilhetes` para a `agênciadeviagens`, que repassa os `bilhetes` ao seu `cliente`.

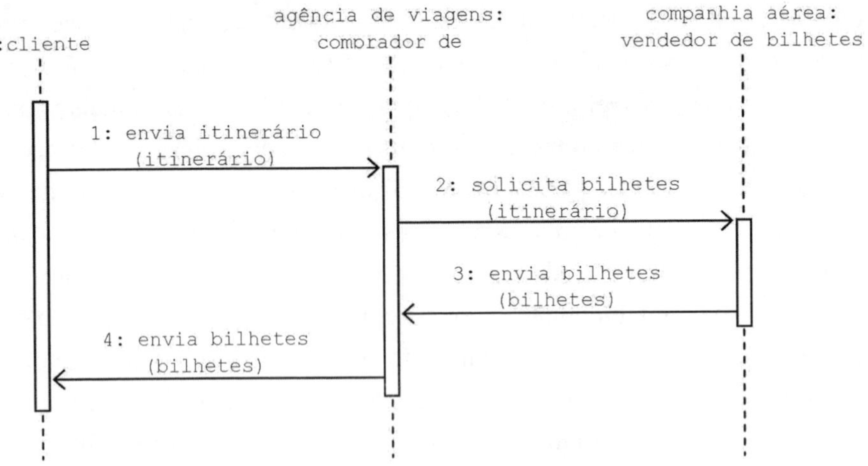

Figura 6.1: Processo de negócio "compra de bilhetes"

A parte do processo de negócio para a qual um contrato eletrônico pode ser necessário é a que engloba a interação entre a agência de viagens e a companhia aérea. A Figura 6.2 apresenta um exemplo de um contrato eletrônico estabelecido para o processo representado na Figura 6.1. O exemplo é apenas ilustrativo, sem detalhes de especificação. Os diferentes elementos envolvidos no processo, descritos acima, são apresentados em diferentes seções do contrato. Cada tipo diferente de elemento é abordado apropriadamente nas próximas seções deste capítulo.

Apenas a última seção da Figura 6.2, clausulas_contratuais, não tem um mapeamento direto como o exemplo da Figura 6.1. Esses elementos definem algumas obrigações que as organizações envolvidas devem satisfazer:

1. Todas as atividades (representadas pelo símbolo *) do parceiro companhia_aerea devem estar disponíveis para execução em uma taxa de 7X14 (14 horas por dia, em sete dias por semana);
2. A atividade envia_bilhetes do sistema do parceiro companhia_area deve ser executado em no máximo 60_segundos;
3. Todas as atividades de ambos os parceiros devem exigir autenticação eletrônica ao ser invocadas pelo outro parceiro, porém com diferentes níveis: a companhia_areaexige_autenticacao_porusuario, enquanto a agencia_de_viagens apenas por grupo_do_usuario.

```
contrato compra_de_bilhetes

papeis:
        comprador_de_bilhetes
        vendedor_de_bilhetes

partes:
        agencia_de_viagem : comprador_de_bilhetes
        companhia_area : vendedor_de_bilhetes

atividades:
        agencia_de_viagem.solicita_bilhetes
        agencia_de_viagem.recebe_bilhetes

        companhia_aerea.recebe_itinerario
        companhia_aerea.envia_bilhetes

mensangens:
        agencia_de_viagens.itinerario
        companhia_aerea.bilhetes

processo:
        agencia_de_viagem.solicita_bilhetes(itinerario)
        companhia_aera.recebe_itinerario(itinerario)

        companhia_area.envia_bilhes(bilhetes)
        agencia_de_viagem.recebe_bilhetes(bilhetes)

clausulas_contratuais:
        1. companhia_area.* disponivel_em 7X14
        2. companhia_area.solicita_bilhetes responde_em 60_segundos
        3. companhia_area.* exige_autenticacao_por usuario
        4. agencia_de_viagens.* exige_autenticacao_por grupo_do_usuario
```

Figura 6.2: Processo de negócio "compra de bilhetes"

6.3 Elementos de Contratos Eletrônicos

Contratos eletrônicos diferem entre si com relação a tamanho, conteúdo e complexidade. Entretanto, normalmente existem elementos comuns a um mesmo domínio de contrato eletrônico. Os tipos de elementos mais comuns são [5]:

1. **Partes**: que representam cada uma das organizações envolvidas em um processo de negócio. No exemplo da Seção 6.2, as partes envolvidas no processo "compra de bilhetes" são **agência de viagens e companhia aérea**;

2. **Atividades**: que representam os serviços eletrônicos a serem executados por meio da realização do contrato eletrônico. Essas atividades são normalmente compostas para formar um processo de negócio. No exemplo da Seção 6.2, as atividades são **enviaitinerário**, **recebeitinerário**, **enviabilhetes** e **recebebilhetes**, formando nessa ordem um processo de negócio;
3. **Cláusulas contratuais**: que descrevem as restrições, em relação à execução das atividades, a serem satisfeitas durante a realização do contrato eletrônico. Diferentes tipos de cláusulas contratuais são apresentas posteriormente nesta seção. No exemplo da Seção 6.2, existem quatro cláusulas contratuais, classificadas também posteriormente nesta seção.

Além desses tipos de elementos, os contratos eletrônicos podem também incluir papéis, pagamentos, artefatos de entrada e de saída e parâmetros de entrada e de saída. Por exemplo, na Figura 6.1, existem os seguintes elementos adicionais: papéis – comprador de bilhetes e vendedor de bilhetes; e mensagens trocadas como parâmetros de entrada/saída – itinerário e bilhetes.

Podem existir vários tipos de cláusulas contratuais descrevendo diferentes tipos de restrições, dependendo das necessidades dos envolvidos no processo de negócio. Marjanovic *et alii* [6] estabelecem que cláusulas de contrato eletrônico podem ser divididas em três tipos de restrições contratuais:

1. **Obrigações:** que descrevem o que as partes deveriam fazer – como, por exemplo: "um cliente deve pagar por um serviço de acordo com os termos de pagamento". No processo "compra de bilhetes", exemplo da Seção 6.2, a **companhiaaérea** pode ser obrigada a oferecer sempre a tarifa mais barata existente na venda de bilhetes para a **agênciadeviagens**;
2. **Permissões (ou Direitos)**: que descrevem o que as partes podem fazer – como, por exemplo: "um cliente pode opcionalmente solicitar informações sobre o estado atual do fornecimento de um determinado serviço". No

exemplo da Seção 6.2, a **agênciadeviagens** pode ter o direito de cancelar a compra de bilhetes enquanto a emissão dos mesmos não tiver sido finalizada pela **companhiaaérea**;

3. **Proibições**: que descrevem o que as partes não podem fazer – como, por exemplo: "não é permitido que um cliente cancele um pedido depois que algum serviço já foi executado". No exemplo da Seção 6.2, a **agênciadeviagens** não tem o direito de cancelar a compra de bilhetes depois que a emissão dos mesmos já tiver sido finalizada pela **companhiaaérea**.

Restrições do tipo "obrigações" normalmente incluem cláusulas contratuais de **atributos de qualidade de serviço (QoS)**[7, 8, 9] associadas aos serviços eletrônicos que definem atributos relacionados a propriedades não funcionais. Eles afetam a definição e a execução de um serviço eletrônico. Normalmente, o grupo de cláusulas contratuais relacionadas a atributos de QoS em um contrato eletrônico é chamado de SLA[14][7, 10, 11]. Embora SLA possam ser entendidos como sendo uma parte de contratos eletrônicos, alguns autores se referem a esses dois termos como sinônimos. SLA relacionados especificamente ao contexto de serviços Web são comumente referenciados de WSLA – para Web Services SLA.

Em relação a atributos de QoS, um mesmo serviço eletrônico pode ser oferecido por uma organização com diferentes níveis de QoS para diferentes organizações consumidoras – em função do valor que a organização consumidora está disposta a pagar. Isso é similar ao oferecimento de serviços em diferentes categorias, tais como as classes prata, ouro e diamante de uma companhia aérea, por exemplo. Durante o estabelecimento de um contrato eletrônico, para cada atributo de QoS, um valor deve ser definido para ser usado como tolerável (por exemplo, um valor mínimo, máximo ou exato) durante a realização de um contrato eletrônico.

No exemplo de processo de negócio "compra de bilhetes" da Seção 6.2, são definidas quatro cláusulas contratuais do tipo obrigação relacionadas a

---

14 Do inglês *Service Level Agreement.*

atributos de QoS: um associado à disponibilidade, um associado ao tempo de resposta e dois deles associados à segurança – com diferentes níveis para cada um deles.

6.4 Aspectos Legais de Contratos Eletrônicos

Além dos aspectos apresentados nas seções anteriores, há ainda os aspectos de legalidade associados a contratos eletrônicos [5]. De acordo com esses aspectos, contratos – de uma forma geral – devemdefinir, por exemplo, os procedimentos legais para o caso de quebra do acordo e para a necessidade de arbitragem como a definição de foro apropriado. Além disso, uma série de questões deve ser considerada com o objetivo de tornar os contratos eletrônicos válidos do ponto de vista legal. Essas questões normalmente dependem de aspectos envolvendo cada segmento específico de negócio. Do ponto de vista de tecnologia, devem ser considerados itens tais como assinaturas digitais, criptografia de chaves públicas e segurança.

Ainda atualmente, existe uma grande lacuna entre as cláusulas legais dos contratos produzidos pelos advogados e os detalhes técnicos relacionados à execução, ao monitoramento, à segurança e ao desempenho, entre outros, abordados pelos especialistas da computação. A grande maioria dos trabalhos de pesquisa e desenvolvimento em contratos eletrônicos costuma ser focado apenas em uma das duas grandes áreas: técnica ou legal. Muitos trabalhos têm sido realizados na área de direito que focam nos aspectos legais de contratos eletrônicos, assim como em aspectos técnicos realizados pela área da computação. Porém, poucos esforços têm sido realizados no sentido de se tentar diminuir essa lacuna existente por meio de soluções únicas, visto que cada uma das áreas por si só já apresenta uma complexidade bastante elevada para ser considerada isoladamente. Uma tentativa de trabalho conjunto é realizada por Arenas *et alii* [13], que apresentam uma abordagem que incorpora tanto os aspectos legais quanto técnicos em colaborações em organizações virtuais.

Outros trabalhos que também tratam de legalidade em contratos eletrônicos são apresentados em Castellanos *et alii* e Michael *et alii* [1, 12]. Neste capítulo, apenas os aspectos técnicos de contratos eletrônicos são abordados.

6.5 Requisitos de Contratos Eletrônicos

Koetsier, Grefen e Vonk [14] apresentamseis requisitos que contratos eletrônicos devem satisfazer para serem usados como base para a realização cooperativa de processos de negócio. Esses requisitos, representados na Figura 6.3, devem ser entendidos como complementares, de forma que o atendimento proporcional de cada um deles aumenta a qualidade dos contratos eletrônicos.

Figura 6.3: Requisitos de Contratos Eletrônicos

Os requisitos são descritos a seguir:

- ❖ **Conteúdo estruturado e completo:** o contrato deve ter uma estrutura clara e usar uma nomenclatura não ambígua para que possa ser interpretado por sistemas eletrônicos. Além disso, todas as interações possíveis devem estar descritas no contrato;

- ❖ **Flexibilidade:** o contrato deve ser flexível em relação a seu uso e reuso, permitindo que seja reutilizado para múltiplos acordos. O contrato deve também ser flexível em relação a características de execução, permitindo adaptações dependendo das circunstâncias;
- ❖ **Heterogeneidade:** o contrato deve ser estruturado de forma abstrata, independentemente da tecnologia disponível para a realização do processo em cada organização específica. Assim, cada organização envolvida pode mapear o contrato para sua própria linguagem de especificação de processo interno, no caso de estarem usando SGPN locais distintos;
- ❖ **Controle detalhado:** o contrato deve oferecer um modo de descrever as interações possíveis durante a execução do processo, e quando cada uma delas é possível em função das fases do processo;
- ❖ **Legalidade:** o contrato deve ser um documento legalmente válido que defina a cooperação entre as organizações. No caso de conflitos, o contrato deve conter a informação necessária para a solução do problema;
- ❖ **Encapsulamento:**o contrato deve permitir uma especificação de processo de forma encapsulada, deixando de fora detalhes de implementação e agrupando pequenas atividades detalhadas em uma única e maior atividade.

6.6 Ciclo de Vida de Contratos Eletrônicos

O ciclo de vida de contratos eletrônicos inclui fases relacionadas a: disponibilização de serviços eletrônicos que podem ser ofertados; negociação entre empresas; definição de acordos de negócio; execução, controle e monitoramento do processo de negócio regulamentado pelos contratos eletrônicos. Embora existam abordagens distintas para descrever o ciclo de vida de contratos eletrônicos, tais como as apresentadas em [15, 16, 17-20], em geral pode-se resumir esse ciclo de vida nas seguintes fases: a) implementação de serviços eletrônicos; b) disponibilização, busca e descoberta de serviços eletrônicos; c) negociação e estabelecimento de contratos eletrônicos; d) realização do processo de negócio. Estas atividades são executadas de forma sequencial, como representadas na Figura 6.4.

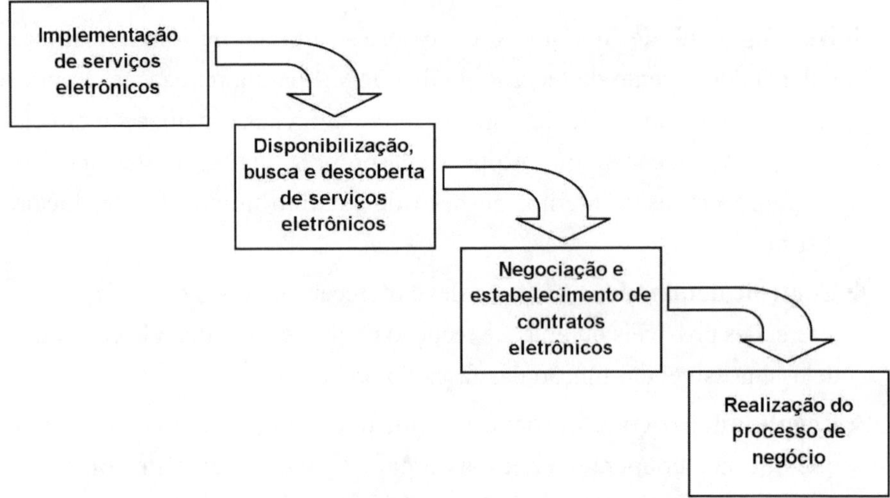

Figura 6.4: Ciclo de vida de contrato eletrônico

As fases do ciclo de vida são descritas a seguir:

1. **Implementação de serviços eletrônicos:** implementação de serviços por parte de organizações fornecedoras. Pode ser realizada diretamente por iniciativa das próprias organizações fornecedoras que desejam disponibilizar um serviço eletrônico no mercado, ou então a partir de pedidos de potenciais organizações consumidoras que possam estar interessadas nos serviços;

2. **Disponibilização, busca e descoberta de serviços eletrônicos:** troca de informações entre organizações fornecedoras e organizações consumidoras em mercados virtuais. O anúncio de serviços é realizado pelos fornecedores, enquanto que os consumidores realizam buscas e comparações entre eles. Informações sobre as garantias de QoS podem ser, por exemplo, disponibilizadas pelas organizações fornecedoras. A descoberta de parcerias ocorre quando existe a compatibilidade entre serviços publicados e

serviços procurados. Essas atividades devem ser executadas com o apoio de facilidades de busca e descoberta[15];

3. **Negociação e estabelecimento de contratos eletrônicos:** processo de decisão que estabelece como o processo de negócio deverá ser realizado entre a organização fornecedora e a organização consumidora. Durante a negociação são definidas as partes envolvidas, os serviços a serem prestados e as cláusulas contratuais que devem ser cumpridas durante a realização do contrato – incluindo possivelmente cláusulas de garantia de QoS. O processo de negociação pode ser realizado seguindo um protocolo em que os papéis e as responsabilidades são bem definidos por meio de atividades sistemáticas que cada organização envolvida deve seguir [21];

4. **Realização do processo de negócio:** execução e cumprimento dos termos estabelecidos no contrato eletrônico, por meio da execução dos serviços eletrônicos previstos e cumprimento das cláusulas contratuais estabelecidas. Para garantir o cumprimento das cláusulas, elas devem ser monitoradas durante a execução dos serviços eletrônicos. A organização consumidora também pode executar operações de monitoramento do processo conforme restrições estabelecidas no contrato eletrônico.

6.7 Metamodelos e Moldes de Contratos Eletrônicos

Para facilitar o entendimento e o estabelecimento de contratos eletrônicos, existe a necessidade de usar modelos que formalizem as regras a serem seguidas por um conjunto de contratos eletrônicos e artefatos que agilizem sua criação a partir de informações pré-definidas. Para tal pode-se usar, respectivamente, metamodelos de contrato eletrônico e de moldes de contrato eletrônico.

---

15 Conhecidas como atividades de, em inglês, *matchmaking*.

Metamodelos de contrato eletrônico capturam os detalhes de nível conceitual sobre os possíveis elementos que podem estar envolvidos em um determinado contrato eletrônico. Eles preveem que tipos de entidades e de relacionamentos entre as entidades podem fazer parte de contratos eletrônicos. Portanto, um metamodelo de contrato eletrônico define as regras a partir das quais contratos eletrônicos devem ser definidos. Os metamodelos são normalmente apresentados de modo formal ou semiformal, por meio de representações gráficas – como, por exemplo, por diagramas de classes da UML [7].

Exemplos de entidades a serem representadas por metamodelos de contrato eletrônico são: partes, atividades e cláusulas contratuais, conforme apresentadas na Seção 6.3 deste capítulo. A Figura 6.5 apresenta um exemplo simples de um metamodelo de contrato eletrônico, por meio de um diagrama de classes da UML. Esse metamodelo de alto nível de abstração agrupa de forma estruturada os elementos apresentados na Seção 6.3, mantendo as regras apresentadas em tal seção.

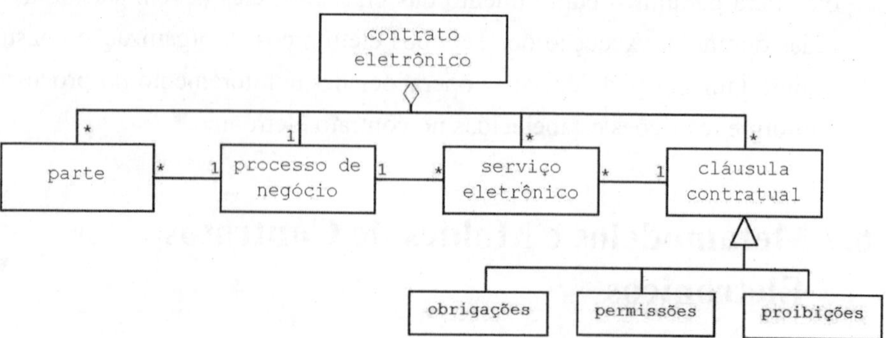

Figura 6.5: Exemplo de metamodelo de contrato eletrônico

Moldes[16] de contrato eletrônico são contratos eletrônicos pré-elaborados que podem ser usados na criação de instâncias específicas de contrato eletrônico. Normalmente eles já são elaborados como um tipo de rascunho de contrato eletrônico, que precisa ser finalizado para estar completo. Os moldes de contrato eletrônico mais simples são elaborados apenas como um documento

16 Do inglês *Template*.

eletrônico que possui campos vazios a serem preenchidos com algum valor, normalmente a partir de uma lista pré-definida, durante o estabelecimento do contrato eletrônico. Tipos mais avançados de moldes de contrato eletrônico, porém mais raros, por vezes preveem partes obrigatórias, opcionais e alternativas que podem ou não ser mantidas em uma determinada instância de contrato eletrônico, dependendo das escolhas feitas.

Um exemplo de molde de contrato eletrônico seria o contrato apresentado na Figura 6.2 com alguns campos a serem ainda preenchidos. Exemplos de tais campos poderiam ser ambas as partes envolvidas e os níveis definidos para os atributos de QoS da seção **clausulas_contratutais** (**7X24, 60_segundos, usuario** e **grupo_do_usuario**).

Durante o estabelecimento de um contrato eletrônico específico, novos itens não previstos em um determinado molde podem ser criados. Normalmente, nesse caso, o molde de contrato é atualizado para passar a conter esses novos itens de contrato – para estarem disponíveis como opções durante as próximas criações de instância de contrato eletrônico. O uso de moldes de contrato eletrônico possibilita que, a cada nova transação de negócio, não seja necessário estabelecer completamente um novo contrato. O reuso de contratos eletrônicos pré-estabelecidos leva a uma economia significativa.

6.8 Linguagens de Especificação para Contratos Eletrônicos

Um contrato eletrônico é normalmente um documento eletrônico altamente estruturado que pode ser empregado em diferentes fases da realização de processos de negócio interorganizacionais e transferido entre diferentes tipos de sistemas de informação, incluindo os Sistemas Gerenciadores de Processo de Negócio (SGPN). Para facilitar a especificação de contratos eletrônicos, é necessário uma linguagem de especificação, ou um conjunto de linguagens para diferentes partes de um contrato eletrônico, que permita que os contratos sejam definidos, executados, monitorados e transferidos entre diferentes SGPN. É também importante que os contratos especificados por meio dessa linguagem de especificação sejam compreensíveis por seres humanos.

Uma das soluções mais usadas atualmente para a especificação de contratos eletrônicos, de uma forma geral, é o uso de uma linguagem de especificação baseada na linguagem XML[30]. XML, já mencionada em capítulos anteriores, é uma linguagem de marcação de dados que oferece um padrão para descrever dados estruturados, de modo a facilitar a declaração mais precisa de conteúdo e obter melhor desempenho nas buscas. Apesar da predominância de XML, existem alguns projetos que usam linguagens próprias [7, 16, 22], porém a tendência é que elas sejam substituídas também por XML.

É comum que um mesmo contrato eletrônico seja especificado por meio de duas ou mais linguagens – cada uma delas aplicadas para diferentes partes do contrato. Por exemplo, duas linguagens de especificação distintas podem ser usadas, uma para a especificação do processo de negócio embutido no contrato eletrônico, e outra para a especificação dos atributos e níveis de QoS acordados entre as partes para os serviços eletrônicos envolvidos.

Um tipo específico de contrato eletrônico envolve especificamente serviços Web como suas unidades básicas formadoras de processos de negócio. Do ponto de vista conceitual, praticamente não há diferenças entre as informações apresentadas na Seção 6.3, para contratos eletrônicos em geral, e as que se aplicam aos contratos eletrônicos para serviços Web. A diferença está nas tecnologias envolvidas em sua especificação e uso. No caso de contratos eletrônicos para serviços Web, as linguagens de especificação tanto para a especificação de processos de negócio quanto para a especificação de atributos de QoS precisam ser apropriadas para esse tipo de serviço eletrônico. Assim, são usadas, por exemplo, as linguagens apresentadas nos capítulos anteriores:

- ❖ **Atividades/Serviços**: linguagem WSDL (*Web Service Description Language*);

- ❖ **Modelo do Processo**: Diagrama de Atividades da UML ou BPMN (*Business Process Modeling Notation*);
- ❖ **Versão Executável do Processo**: linguagem WS-BPEL (*Web Service – Business Process Execution Language*);
- ❖ **Cláusulas Contratuais (Obrigações)**: atributos e níveis de QoS por meio das linguagens *WS-Agreement* ou *WS-Policy*.

6.9 Metamodelo de Contrato Eletrônico para Serviços Web

Com o amplo uso de serviços Web como aplicação de serviços eletrônicos, é importante a definição de um metamodelo de contrato eletrônico voltado especificamente para esta tecnologia. Este metamodelo deve incorporar as linguagens de especificação e padrões XML que viabilizam a tecnologia de serviços Web. Uma das primeiras iniciativas para oferecer um metamodelo de contrato eletrônico com esse objetivo foi apresentada na tese de doutorado de um dos autores desse livro [23, 24]. Embora o objetivo desta tese tenha sido mais abrangente do que este, o metamodelo de contrato eletrônico para serviços Web é considerado um importante artefato produzido como resultado intermediário. Assim, esse metamodelo é apresentado nesta seção.

O metamodelo, apresentado na Figura 6.6, foi criado por meio da unificação dos principais conceitos relacionados a:

1. **Serviços Web**: descritos por meio da linguagem WSDL;
2. **Atributos de QoS para serviços Web**: descritos por meio da linguagem WS-Agreement;
3. **Processos de negócio envolvendo serviços Web**: descritos por meio da linguagem WS-BPEL.

A cardinalidade entre os elementos do metamodelo de contrato está limitada para satisfazer apenas às necessidades da abordagem proposta neste capítulo. O metamodelo de contrato eletrônico é uma visão de alto nível dessas três linguagens (WSDL, WS-Agreement e WS-BPEL) e, desse modo, apenas seus elementos significativos são representados. Mesmo alguns elementos de alto nível da linguagem WS-Agreement não são representados, visto que existe uma sobreposição com alguns elementos das linguagens WSDL e WS-BPEL. Os elementos excluídos devido à sobreposição são citados juntamente com a descrição dos elementos do metamodelo.

Alguns elementos do metamodelo estão em português, aqueles referentes aos elementos incorporados no metamodelo para identificar cada uma das seções do contrato eletrônico; enquanto que outros estão em inglês, aqueles referentes aos elementos obtidos a partir das três linguagens de especificação usadas como base para a definição do metamodelo.

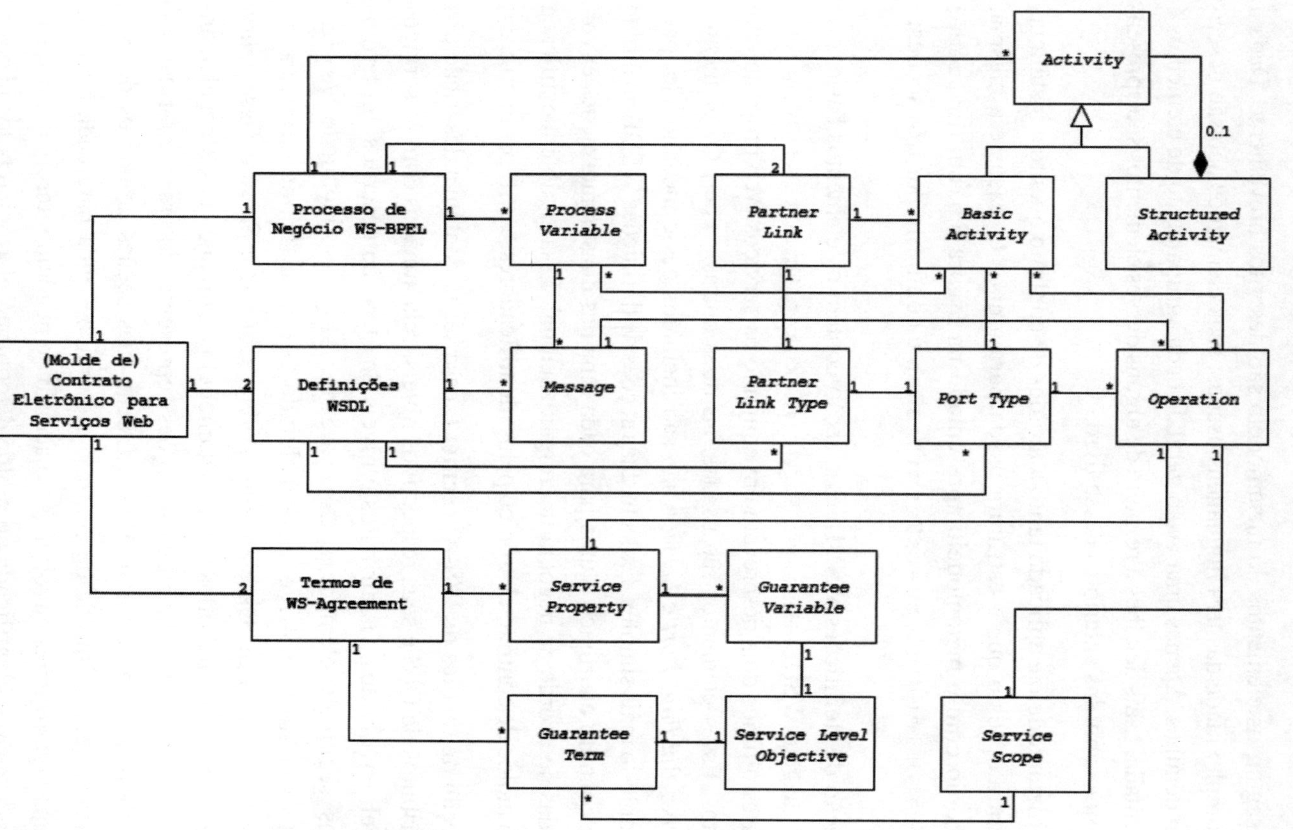

Figura 6.6: Meta-modelo de contrato eletrônico para serviços Web.

A seguir, os elementos do metamodelo são descritos brevemente. Dada a alta complexidade das três linguagens usadas, seus elementos não são descritos em detalhes. Apenas uma visão geral de cada agrupamento de elementos é apresentada. Mais detalhes a respeito de alguns desses elementos são apresentados nos capítulos anteriores desse livro.

O metamodelo é aplicado tanto a moldes de contrato quanto a instâncias de contrato, visto que a estrutura usada para ambos os casos é a mesma. De acordo com o metamodelo apresentado na Figura 6.6, um (`Moldede`) `ContratoEletrônicoparaServiçosWeb` é composto por três seções:

1. **Seção de definições WSDL**: essa seção contém os elementos básicos da linguagem WSDL: `Messages`, `PartnerLinkTypes`, `PortTypes` e `Operations`. Esses últimos dois descrevem em conjunto os serviços Web propriamente ditos. Esses elementos são usados nas duas outras seções. Os elementos *Type*, *Binding*, *Port* e *Service* não são incluídos nesse metamodelo, para mantê-lo mais simples. Existem duas seções de definições WSDL no molde de contrato eletrônico – uma para cada uma das duas organizações envolvidas no acordo de negócio interorganizacional. Essa seção é identificada no molde de contrato eletrônico pelos identificadores `<wsdl:Definitions>`;
2. **Seção de termos de WS-Agreement**: essa seção contém a descrição dos atributos de QoS e seus respectívos níveis, relacionados com os serviços Web envolvidos. Os atributos e níveis de QoS são descritos em termos dos seguintes elementos: `ServiceProperties`– incluindo `Variables`; e `GuaranteeTerms` – incluindo `ServiceScope`e `ServiceLevelObjectives`. Os elementos *Name*, *Context* e *Service Description Terms* não são incluídos nesse metamodelo, visto que já existem elementos similares das duas outras seções representando essas informações. Similarmente ao item anterior, existem duas seções de termos de WS-Agreement no molde de contrato eletrônico – uma para cada uma das duas organizações envolvidas no acordo de negócio interorganizacional. Essa seção é identificada no molde de contrato eletrônico pelos identificadores `<wsag:Terms>`;

3.**Seção de processo de negócio WS-BPEL**: essa seção contém a descrição do processo de negócio que faz a composição de serviços Web. O processo de negócio é descrito em termos dos seguintes elementos: `PartnerLinks`, `Variables`e `Activities` – tanto do tipo `BasicActivities`quanto do tipo `StructuredActivities`. Os elementos da linguagem WS-BPEL responsáveis pelo tratamento de falhas (*FaultHandler*) não são incluídos nesse metamodelo para deixá-lo mais simples. Porém, devido á sua importância para determinados domínios de contratos, sua inclusão no metamodelo é por vezes necessária, o que pode ser considerado uma extensão simples. Essa seção é identificada no molde de contrato eletrônico pelo identificador `<bpel:Process>`.

Fisicamente, um artefato molde de contrato eletrônico – e cada um de suas instâncias– é armazenado em cinco arquivos:

1. Dois arquivos, cada um contendo a respectiva seção `<wsdl:Definitions>`, uma para cada uma das duas organizações envolvidas;

2. Dois arquivos, cada um contendo uma seção `<wsag:Terms>`, uma para cada uma das duas organizações envolvidas;

3. Um arquivo contendo a seção `<bpel:Process>`, único para as duas organizações envolvidas.

Na Seção 6.3, foram apresentados como partes comuns de contratos eletrônicos os seguintes tipos de cláusulas contratuais: Obrigações, Permissões e Proibições. Porém, dada a natureza das linguagens de especificação usadas como base para a definição deste metamodelo de contrato eletrônico, essas cláusulas não estão definidas explicitamente nele. Esse tipo de cláusula contratual é incorporado nos contratos eletrônicos por meio dos elementos existentes no metamodelo apresentado. Os serviços Web que devem ser obrigatoriamente executados em uma determinada parte do processo de negócio podem ser entendidos como uma obrigação, enquanto serviços Web que podem ser opcionalmente executados em diferentes estados do processo de negócio são entendidos como permissões. Os atributos de QoS, definidos na seção de termos de WS-Agreement, podem ser entendidos como obrigações ou proibições, dependendo do caso. Visando manter compatibilidade com outros artefatos especificados por meio das linguagens utilizadas aqui, nenhuma alteração foi realizada para deixar explícita a existência de tais cláusulas contratuais.

O metamodelo definido foi exercitado durante o projeto de tese de doutorado em que foi concebido, por meio da realização de estudos experimentais. Com base nos resultados desses estudos, foi concluído que o metamodelo inclui os itens mais relevantes requeridos em um contrato eletrônico para serviços Web. Sua estrutura bem definida mostra o potencial reuso para o domínio de aplicação relativo a contratos eletrônicos. As linguagens WS-BPEL e WS-Agreement foram consideradas bastante completas e consistentes, simplificando a criação de moldes de contrato eletrônico – além da linguagem WSDL, que é considerada básica e imprescindível para o uso de serviços Web.

6.10 Comparação entre Abordagens Existentes

Além do metamodelo de contrato eletrônico para serviços Web apresentado na seção anterior, outras abordagens têm sido propostas nesta área. Esta seção apresenta brevemente algumas dessas abordagens e faz uma comparação entre elas.

Enquanto algumas poucas abordagens contemplam o estabelecimento de contratos eletrônicos, a maioria se concentra na realização dos processos de negócio. Além disso, muitas delas não apresentam facilidades para reuso de informações entre contratos eletrônicos similares, importante necessidade atualmente.Os trabalhos que apresentam abordagens sistemáticas para o estabelecimento de contratos eletrônicos normalmente o fazem com base na aplicação de metamodelos e/ou moldes de contrato eletrônico. Em ambos os casos, estas facilidades permitem um reuso e estruturação de informações de forma básica e limitada, visto não terem essas questões como principais objetivos.

O projeto COSMOS [25] é uma das primeiras iniciativas a tratar de forma sistemática o uso de contratos eletrônicos, por meio de um metamodelo de contrato que permite o uso de moldes de contrato. Esse projeto apresentou conceitos básicos relacionados a metamodelos e moldes de contrato que são usados ainda atualmente nos projetos mais recentes. O metamodelo de contrato proposto por esse projeto dividia um contrato em quatro seções principais: "Quem", "Quando", "O que" e "Legal". Um dos projetos mais recentes fortemente baseado nesses conceitos é a infraestrutura 4W [26], que disponibiliza um metamodelo de contrato eletrônico constituído por cláusulas contratuais que descrevem diferentes condições ou situações envolvidas. Estas cláusulas podem ser de quatro tipos, representados por quatro grupos de conceitos: "Quem" (*Who*), "Onde" (*Where*), "O que" (*What*) e "Como" (*hoW*). Enquanto o projeto COSMOS cobre o estabelecimento de contratos entre apenas duas partes, a infraestrutura 4W cobre contratos entre duas ou mais partes.

O projeto CrossFlow [5] é também um dos projetos precursores que lidam de forma sistemática com contratos eletrônicos por meio de moldes de contrato, porém mais moderno e completo do que o projeto COSMOS. Entretanto, similarmente ao projeto COSMOS, o CrossFlow oferece apoio a contratos envolvendo apenas duas partes. Esse projeto propõe um sistema de gerência de processos de negócio interorganizacionais para controlar a execução de serviços eletrônicos oferecidos por diferentes organizações. Todo o ciclo de vida dos processos de negócio gerenciados pelo sistema é baseado em contratos eletrônicos que especificam as interações existentes entre fornecedores e consumidores de serviços eletrônicos em empresas virtuais. A seleção dos serviços a serem executados durante a realização do contrato é feita de forma dinâmica, em que os serviços são escolhidos em tempo de execução. Os contratos eletrônicos são estabelecidos com base em um metamodelo de contrato [15]. A estratégia do projeto CrossFlow para reuso de informações relacionadas a contratos eletrônicos é o uso de moldes genéricos [14]. Esses são criados em função de contratos similares já estabelecidos e frequentemente usados em um determinado segmento de mercado. Durante a criação de moldes, os campos que possuem valores variáveis para cada contrato eletrônico específico são deixados em branco para serem preenchidos posteriormente. Os últimos trabalhos publicados do projeto CrossFlow indicavam a necessidade de formas mais apropriadas para lidar com moldes de contrato [5].

Outros trabalhos de pesquisa avançaram na abordagem de uso de moldes de contrato eletrônico. Chiu *et alii* [16] propuseram uma abordagem que usa variáveis controladas para moldes de contrato que podem envolver várias organizações. Além disso, tanto os moldes de contrato quanto as variáveis de molde de contrato são tratados como novas entidades em um metamodelo de contrato eletrônico. Um molde de contrato pode conter variáveis cujos valores são definidos e alterados de forma controlada, culminando na escolha de um dos possíveis valores durante o estabelecimento de contrato eletrônico. Essa abordagem apresenta duas infraestruturas para a realização de contratos eletrônicos. A primeira é usada para a execução das atividades, enquanto que a segunda é usada para garantir o cumprimento das cláusulas [16]. Associados a essas duas infraestruturas existem dois metamodelos. O primeiro deles é o metamodelo de contrato eletrônico, em que está previsto o uso de moldes de contrato e variáveis de molde. O segundo é o metamodelo de cumprimento de contrato eletrônico, em que as cláusulas contratuais são definidas em termos de regras de ECA (Evento-Condição-Ação).

Mais recentemente, Berry & Milosevic [27] exploraram o conceito de molde de comunidade de contrato eletrônico, uma forma de molde de domínio de contrato – em uma abordagem similar à apresentada no parágrafo anterior. Um molde de comunidade é um contrato eletrônico parcialmente especificado, envolvendo duas ou mais organizações, no qual valores parametrizados são associados durante o tempo de ativação do contrato. Nessa abordagem, os moldes de contrato eletrônico são apresentados como formulários padrão de contrato eletrônico, cujos parâmetros são associados a valores concretos apenas durante o estabelecimento (ou ativação) de contratos, quando uma instância específica do formulário é criada.

Em outra linha de pesquisa, Farrell et *alii* [28] usam o 'cálculo de eventos'[17] para rastrear o estado normativo de contratos eletrônicos entre duas ou

17 **Do inglês** *event calculus.*

mais partes envolvidas, também fazendo uso de moldes de contrato. Neste trabalho, de forma similar aos apresentados anteriormente, múltiplas instâncias de contrato eletrônico podem ser criadas com base em um molde de contrato. Diferentes parâmetros podem ser usados para permitir a adaptação do molde para uma instância particular de contrato eletrônico.

A infraestrutura UCM (*Unified Contract Management*) oferece apoio a todas as fases do ciclo de vida de contratos eletrônicos, com base em ontologias [22]. Os contratos UCM cobrem apenas duas organizações envolvidas. Essa infraestrutura inclui uma abordagem para a modelagem conceitual formada por três camadas hierárquicas de ontologias de contrato eletrônico. A camada de ontologia de mais baixo nível representa a ontologia de molde de contrato eletrônico e é constituída por uma biblioteca de moldes projetados ou implementados com base nas camadas de ontologia de níveis superiores – que contém as informações genéricas sobre contratos eletrônicos. Apesar de a abordagem ser apresentada como baseada em ontologias, não são apresentados, porém, mecanismos para inferências, comuns ao conceito de ontologias.

Existem também alguns trabalhos relacionados especificamente à descrição de propriedades de serviços Web no contexto de contratos eletrônicos. Um desses trabalhos está relacionado com a infraestrutura WSLA (*Web Service Level Agreement*) [9], que oferece apoio à criação e ao uso de atributos de QoS para serviços Web em moldes de contrato eletrônico envolvendo duas ou mais partes. Essa abordagem facilita o processo automático dinâmico de busca de informações na Internet. O uso dessa infraestrutura permite que fornecedores de serviços ofereçam serviços Web em diferentes níveis de qualidade, dependendo das necessidades dos clientes, podendo gerar custos também diferenciados. Uma implementação de WSLA é disponibilizada como parte do IBM Web Services Toolkit.

Outro trabalho bastante amplo no tratamento exclusivamente de cláusulas de QoS é apresentado em [11]. Trata-se de uma infraestrutura para a gerência inteligente de SLA entre duas ou mais organizações envolvidas, aplicável quando serviços são encapsulados e disponibilizados como serviços Web. O principal objetivo da plataforma proposta é oferecer aos fornecedores mecanismos para o monitoramento de violações de SLA; a previsão de violações de SLA antes que elas ocorram para que se seja possível a tentativa de ações corretivas; e a análise de violações de SLA visando o entendimento de suas causas, ajudando a identificar como melhorar as operações para cumprir o SLA.

A Tabela 6.1 apresenta um resumo das principais abordagens apresentadas nesta seção. Os seguintes aspectos foram considerados como estando presentes ou não em cada uma das abordagens: 1) abordagem específica para serviços Web; 2) tratamento de atributos e níveis de QoS; 3) uso de metamodelo de contrato eletrônico; 4) uso de moldes de contrato eletrônico; 5) uso de linguagens baseadas em XML para a especificação de contratos; 6) abordagem dinâmica para a seleção de serviços eletrônicos; 7) apoio a contratos eletrônicos envolvendo mais do que duas partes; 8) apoio ao uso de regras ECA; e 9) tratamento de aspectos legais relacionados a contratos eletrônicos.

	Serviços Web	QoS	Metamodelo	Moldes	XML	Ligação dinâmica	Multipartes	Regras ECA	Aspectos legais
COSMOS [25]		X	X	X	X				X
CrossFlow [5]		X	X	X	X	X			X
Milosevic [27]			X		X		X	X	X
Chiu [16]	X		X	X	X		X	X	
EREC [29]	X		X		X		X	X	
4W [26]			X	X	X		X		
UCM [22]			X	X					
SLA [11]	X	X	X		X		X	X	
WSLA [9]	X	X	X	X	X	X	X		
Farrell [28]		X	X		X		X		X

Tabela 8.1: Comparação entre abordagens de contratos eletrônicos

Os critérios usados aqui para a comparação entre as diferentes abordagens não representam nenhuma lista oficial ou pré-definida por alguma organização independente para esta área de pesquisa. Eles foram definidos durante o desenvolvimento da abordagem apresentada aqui, em função das principais características apresentadas pelos trabalhos relacionados que foram analisados. Desta forma, é possível que haja outros critérios que poderiam ser usados nesta comparação, mostrando outras limitações da abordagem proposta aqui, mas que não foram destacados nos trabalhos relacionados.

6.11 Considerações Finais

A atual complexidade envolvida no estabelecimento e realização de contratos eletrônicos pode desencorajar novas parcerias de negócio. Os principais problemas envolvidos nesse processo são: a grande quantidade de informação necessária para o estabelecimento e realização de contratos; o crescente número de parâmetros de configuração a serem considerados; as negociações eletrônicas potencialmente de longa duração; e o envolvimento de diferentes perfis – tanto times de negócio quanto times de desenvolvimento – de diferentes organizações. Soluções envolvendo a estruturação e o reuso de informações em contratos eletrônicos são necessárias para lidar com essas questões. Neste capítulo, buscou-se apresentar uma visão geral dos conceitos envolvidos no contexto de contratos eletrônicos, bem como de algumas soluções atualmente propostas para sua sistematização, incluindo um metamodelo de contrato eletrônico para serviços Web projetado para promover o reuso de contratos eletrônicos por meio de moldes.

Referências

[1] S. Angelov; P. Grefen. "A Conceptual Framework for B2B Electronic Contracting".*In:Proceedings of IFIP Third Working Conference on Infrastructures for Virtual Enterprises - Collaborative Business Ecosystems and Virtual Enterprises*.Sesimbra:Kluwer, 2002, pp. 143150.

[2] S. Angelov e P. Grefen. "The Business Case for B2B E--Contracting"*In:Proceedings of 6th International Conference on Electronic Commerce*. Delft:ACM Press, 2004, pp. 3140.

[3] F. Leymann; D. Roller. Business Processes in a Web Services World, disponível em: http://www.ibm.com/developerworks/library/ws-bpelwp, IBM, 2007.

[4] Object Management Group – Unified Modeling Language, disponível em: http://www.uml.org, 2007.

[5] Y. Hoffner; S. Field; P. Grefen; H. Ludwig. Contract-Driven Creation and Operation of Virtual Enterprises, *Computer Networks* 37:111-136, Elsevier, 2001.

[6] O. Marjanovic; Z. Milosevic. "Towards Formal Modeling of e-Contracts". *In: Proceedings of 5th International Enterprise Distributed Object Computing Conference*. Seattle: IEEE Computer Society, 2001, pp. 59-68.

[7] A. Sahai; V. Machiraju; M. Sayal; A. van Moorsel; F. Casati."Automated SLA Monitoring for Web Services".*Proceedings of 13th IFIP/IEEE International Workshop on Distributed Systems: Operations and Management*. Montreal:Springer, 2002, pp. 28-41.

[8] D. A. Menasce."QoS Issues in Web Services".*IEEE Internet Computing* 6(6): 72-75, IEEE Computer Society, 2002.

[9] A. Keller; H. Ludwig. The WSLA Framework: Specifying and Monitoring Service Level Agreements for Web Services.*Journal of Network and Systems Management*,11(1):57-81. Berlim:Springer, 2003.

[10] H. Kaminski; M. Perry. "SLA Automated Negotiation Manager for Computing Services."*Proceedings of 8th IEEE International Conference on E-Commerce Technology and 3rd IEEE International Conference on Enterprise Computing, E-Commerce and E-Services*.Palo Alto: IEEE Computer Society, 2006, pp. 47-54.

[11] M. Castellanos; F. Casati; U. Dayal; M.C. Shan. "Intelligent Management of SLAs for Composite Web Services".*Proceedings of Third International Workshop on Databases in Networked Information Systems*. Aizu:Springer, 2003, pp. 158-171.

[12] G. Michael; S.S. Katarina; G. Markus. "Legal Aspects of Electronic Contracts".*In:Proocedings of Workshop on Infrastructure for Dynamic Business-to-Business Service Outsourcing*.Estocolmo: CEUR-WS.org, 2000.

[13] A. Arenas*et alii.*"Bridging the Gap between Legal and Technical Contracts"*IEEE Internet Computing* 12(2):13-19, IEEE Computer Society, 2008.

[14] M. Koetsier; P. W. P. J. Grefen; J. Vonk. "Contracts for Cross-Organizational Workflow Management"*Proceedings of First International Conference on Electronic Commerce and Web Technologies*.Londres: Springer, 2000, pp. 110-121.

[15] P. W. P. J. Grefen *et alii*. "CrossFlow: Cross-Organizational Workflow Management for Service Outsourcing in Dynamic Virtual Enterprises"*IEEE Data Engineering Bulletin*, 24(1):52-57, IEEE Computer Society, 2001.

[16] D. K. W. Chiu; S.-C. Cheung; S. Till. "A Three Layer Architecture for E--Contract Enforcement in an E-Service Environment"*Proceedings of 36th Hawaii International Conference on System Sciences* Big Island: IEEE Computer Society, 2003, p. 74.

[17] A. Goodchild; C. Herring; Z. Milosevic. "Business Contracts for B2B". *In:Proceedings of Workshop on Infrastructure for Dynamic Business-to--Business Service Outsourcing*.Estocolmo: CEUR-WS.org, 2000.

[18] P. R. Krishna; K. Karlapalem; D.K.W. Chiu. "An EREC Framework for eContract Modeling, Enactment and Monitoring".*Data and Knowledge Engineering* 51(1):31-58, Elsevier, 2004.

[19] S. Angelov. P. Grefen. "Support for B2B eContracting The Process Perspective"*Proceedings of Fifth IFIP/IEEE International Conference on Information Technology for Balanced Automation Systems in Manufacturing and Services*. Cancun: Kluwer, 2002, pp. 8796.

[20] A. Dan *et alii*. "Web Services on demand: WSLAdriven Automated Management".*IBM Systems Journal*, 43(1):136-158, IBM Press, 2004.

[21] G. Governatori *et alii.*"A formal approach to legal negotiation".*Proceedings of the 8th International Conference on Artificial Intelligence and Law*.St. Louis: ACM Press,2001, pp. 168177.

[22] V. Kabilan; P. Johannesson."Semantic Representation of Contract Knowledge using Multi Tier Ontology".*Proceedings of SWDB*. Berlim, 2003, pp. 395-414.

[23] M. Fantinato. *Uma Abordagem Baseada em Características para o Estabelecimento de Contratos Eletrônicos para Serviços Web*. Tese de Doutorado, Instituto de Computação, Universidade Estadual de Campinas, 2007.

[24] M. Fantinato; M. B. F. de Toledo; I. M. S. Gimenes. "WS-Contract Establishment with QoS: An Approach Based on Feature Modeling". *International Journal of Cooperative Information Systems* 17(3):373-407, World Scientific, 2008.

[25] F. Griffel*et alii*. "Electronic Contracting with COSMOS - How to Establish, Negotiate and Execute Electronic Contracts on the Internet". *Proceedings of 2nd International Enterprise Distributed Object Computing Workshop*.San Diego: IEEE Computer Society, 1998, pp. 46-55.

[26] S. Angelov; P. Grefen. "The 4W framework for B2B econtracting". *International Journal of Networking and Virtual Organisations*, 2(1):78-97, Interscience, 2003.

[27] A. Berry; Z. Milosevic."Extending Choreography with Business Contract Constraints".*International Journal of Cooperative Information Systems*,14(2/3):131-179, World Scientific, 2005.

[28] A. D. H. Farrell; M. Sergot; M. Salle; C. Bartolini. "Using the Event Calculus for Tracking the Normative State of Contracts".*International Journal of Cooperative Information Systems*,14(2/3):99-129, World Scientific, 2005.

[29] P. R. Krishna; K. Karlapalem; A. R. Dani. "From Contracts to E-Contracts: Modeling and Enactment".*Information Technology and Management*, 6(4):363-387, Springer, 2005.

[30] T. Bray *et alii* (Eds.).W3C. Extensible Markup Language (XML) 1.0 (Fifth Edition) 2008, disponível em: http://www.w3.org/XML/. Acessado em 2011.

7 Ontologias

Os recursos computacionais para a manipulação da semântica das informações encontram na Gestão de Processos de Negócio uma importante área de aplicação. Nessa área, a abordagem mais empregada é a utilização das tecnologias da Web Semântica e de serviços Web semânticos. Neste capítulo, a Web Semântica é apresentada, descrevendo a sua arquitetura e dando ênfase à camada de ontologias. A tecnologia de serviços Web semânticos é discutida em seguida. Como as ontologias computacionais podem tornar a Gestão de Processos de Negócio mais eficiente é também assunto deste capítulo, além de algumas aplicações das ontologias em áreas importantes relacionadas à Gestão de Processos de Negócio.

7.1 Web Semântica

A Web Semântica é uma área de pesquisa intensa cujo principal objetivo é a interoperabilidade entre os sistemas computacionais. Para alcançar esse objetivo, são exploradas as descrições semânticas dos dados e dos serviços eletrônicos.

A Web Semântica é definida como sendo uma extensão da Web atual. Tipicamente, a Web atual inclui um conjunto de documentos para a manipulação humana, enquanto que a Web Semântica inclui um conjunto de informações destinadas aos computadores. Na Web Semântica, as informações são publicadas juntamente com os metadados, explicitando a sua semântica [15]. Assim, a Web Semântica enriquece a Web comum com semântica, que possibilita a conexão lógica entre os termos, o que, por sua vez, apóia a interoperabilidade entre os sistemas. Na Web Semântica, as informações disponíveis na Web incluem o significado explícito para que os computadores possam processar e integrar as informações automaticamente [16].

A Web Semântica combina as características de diversos padrões da Web, especialmente o padrão *eXtensible Markup Language* (XML) [17], o qual permite a criação de esquemas de rotulação definidos pelos usuários e o padrão *Resource Description Framework* (RDF) [18], o qual oferece uma abordagem de representação de dados flexível. Na arquitetura da Web Semântica, acima do nível de base constituído por esses padrões, uma linguagem de ontologia é importante para descrever formalmente o significado dos termos utilizados nos documentos.

Em um trabalho seminal da Web Semântica [15], são apresentados alguns cenários, nos quais as pessoas usam os agentes de software para realizar diversas tarefas. Entretanto, em um trabalho mais recente [16], os autores declaram que alguns padrões bem estabelecidos são necessários para os cenários propostos. A Figura 7.1 apresenta a pilha de padrões da Web Semântica.

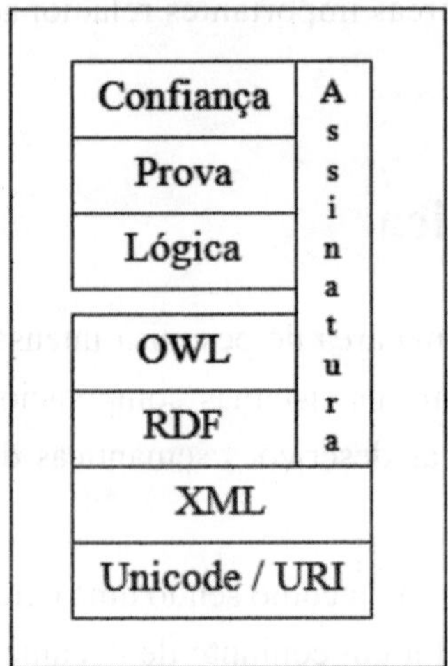

Figura 7.1: Pilha de padrões da Web Semântica

As camadas de Lógica, Prova e Confiança da pilha de padrões da Web Semântica estão em desenvolvimento. A seguir, todas as camadas da pilha são apresentadas:

- A camada Unicode / URI inclui dois padrões. O *Unicode* [19] é um padrão para codificar os conjuntos de caracteres. Já o padrão *Uniform Resource Identifier* (URI) [20] permite a identificação dos recursos;
- A camada XML inclui os padrões para os espaços de nomes, *XML Namespaces* [21], e para a definição de esquemas, *XML Schema* [22]. A linguagem XML está nessa camada e é ela que provê uma sintaxe padrão à Web Semântica;
- A camada RDF inclui os padrões RDF e *RDF Schema* (RDFS) [23]. O padrão RDF é utilizado para criar as declarações que conectam os recursos e as propriedades. Já o padrão RDFS é utilizado para criar os vocabulários que conectam os tipos aos recursos e às propriedades;
- A camada OWL inclui o padrão *Web Ontology Language* (OWL) [24] que possibilita a criação de ontologias. A linguagem OWL é utilizada para enriquecer os vocabulários com um conjunto estendido de conceitos e relacionamentos;
- A camada de Lógica permite a definição de regras que representam o conhecimento. Alguns padrões estão sendo propostos para essa camada, tal como a linguagem *Semantic Web Rule Language* (SWRL) [25];
- A camada de Prova permite a geração de conhecimento a partir de outro conhecimento. Isso é realizado por meio da inferência, utilizando as regras;
- A camada de Confiança é utilizada para garantir a confiança no conhecimento gerado por meio dos mecanismos da camada de Prova;
- A camada de Assinatura inclui alguns mecanismos, tais como a criptografia e a assinatura digital, e atravessa as demais camadas para garantir a segurança.

Alguns autores da área da Web Semântica [26] sugerem que para desenvolver as camadas superiores da arquitetura da Web Semântica é importante manter a compatibilidade com os padrões já estabelecidos, sendo esse um dos requisitos para o desenvolvimento da Web Semântica. Os padrões principais da arquitetura atual da Web Semântica são descritos a seguir.

7.1.1 RDF e RDFS

O padrão RDF é um formato de metadados interpretável pelos computadores. Ele é baseado em formalismos de representação de conhecimento. O padrão RDF utiliza as declarações (ou enunciados) como construtores básicos do modelo de dados. As declarações são triplas do tipo "sujeito, predicado, objeto". Em uma declaração, o componente "sujeito" representa um recurso, o componente "predicado" é uma propriedade do recurso e o componente "objeto" é um valor da propriedade. No modelo de dados do padrão RDF, os recursos podem ser qualquer tipo de item identificado por um identificador URI e os objetos podem ser valores literais ou recursos.

A Figura 7.4 mostra um exemplo no padrão RDF. O exemplo inclui uma declaração sobre o recurso identificado pelo URI *http:...produtoraabc*. Esse recurso, que representa uma produtora de filmes, está ligado por meio de uma propriedade a outros dois recursos, que representam dois filmes diferentes, indicando que aquela produtora produziu os dois filmes listados na declaração.

```
<rdf:RDF xmlns:filme="http:.../filme#">
    <rdf:Description rdf:about="http:...produtoraabc">
        <filme:produziu rdf:resource="http:.../filme/filmea"/>
        <filme:produziu rdf:resource="http:.../filme/filmeb"/>
    </rdf:Description>
</rdf:RDF>
```

Figura 7.4: Declaração RDF

Portanto, o padrão RDF pode ser utilizado para definir os modelos de dados para os recursos e os relacionamentos entre eles. Porém, esses modelos de dados são especificados na linguagem XML e incluem apenas uma semântica simples.

Uma extensão para o padrão RDF para utilizar o conceito de classe é provida pelo padrão RDFS. Com ela é possível definir classes de recursos, propriedades e valores. Além disso, as propriedades de classes são utilizadas para definir as estruturas de classes para os domínios específicos. O padrão RDFS provê um vocabulário para especificar as classes e as propriedades dos recursos modelados de acordo com o padrão RDF. Ele inclui uma semântica para definir as hierarquias de generalização das classes e das propriedades dos recursos.

O exemplo apresentado na Figura 7.5 define que a classe de filmes é uma subclasse da classe de obras, que pode incluir outros tipos de trabalhos artísticos.

```
<rdfs:Class rdf:about="#Filme">
    <rdfs:subClassOf rdf:resource="#Obra"/>
</rdfs:Class>
```

Figura 7.5: Classe RDFS

Assim, a combinação dos padrões RDF e RDFS permite a utilização dos conceitos e dos relacionamentos entre os conceitos definidos nos vocabulários para a representação do conhecimento.

7.2 Camada de Ontologia da Web Semântica

As ontologias são desenvolvidas para prover uma semântica processável pelos computadores das informações que podem ser comunicadas entre os diferentes agentes de software e humanos. Uma ontologia é definida como uma especificação explícita e formal de uma conceituação compartilhada [27].

É importante entender cada um dos termos utilizados na definição de ontologia [28]. Uma conceituação refere-se a um modelo abstrato de algum fenômeno no mundo, modelo este que identifica os conceitos relevantes daquele fenômeno. O termo "explícita" significa que o tipo de conceitos considerado e as restrições sobre a sua utilização são definidos explicitamente. "Formal" refere-se ao fato de que a ontologia deve ser interpretável pelos computadores e diferentes graus de formalidade são possíveis. Já o termo "compartilhada" reflete a noção de que uma ontologia captura um conhecimento consensual, isto é, um conhecimento que não é restrito a certo indivíduo, mas que é aceito por um grupo.

Basicamente, o papel das ontologias no processo da engenharia de conhecimento é auxiliar na construção de um modelo de domínio. Nesse sentido, uma ontologia provê um vocabulário de termos e relacionamentos entre eles que é utilizado para modelar o domínio. Portanto, uma ontologia representa o significado dos termos no vocabulário e os seus inter-relacionamentos [24].

Como as ontologias lidam com um conhecimento de domínio consensual, o seu desenvolvimento é frequentemente um processo cooperativo, que envolve diversas pessoas, as quais podem estar em diferentes localidades. Um grupo significativo de pessoas deve concordar em aceitar uma ontologia desenvolvida para que ela possa então ser utilizada na prática.

Dependendo do nível de generalidade, diferentes tipos de ontologias podem ser identificados [28]:

- **Domínio**: as ontologias de domínio capturam um conhecimento que é válido para um domínio particular, por exemplo, o domínio da saúde;
- **Metadados**: as ontologias de metadados, tal como a ontologia *Dublin Core*, proveem os vocabulários para descrever o conteúdo das fontes de informações on-line;
- **Senso comum**: as ontologias de senso comum ou genéricas capturam um conhecimento geral sobre o mundo, oferecendo os conceitos e as noções básicos. Portanto, elas são válidas através de diversos domínios. Uma ontologia para o tempo é um exemplo desse tipo de ontologia;

❖ **Representacional**: as ontologias representacionais não estão associadas a qualquer domínio em particular. Essas ontologias oferecem construtores de representação sem declarar o que deveria ser representado. A ontologia *Frame Ontology* é um exemplo de ontologia representacional bem conhecido, a qual define os conceitos que permitem a expressão do conhecimento em um modo orientado a objetos ou baseado em quadros.

Algumas ferramentas computacionais apoiam o desenvolvimento das ontologias. Tipicamente, essas ferramentas incluem alguns recursos para editar as ontologias, tal como o apoio gráfico, e para adquirir o conhecimento, tal como o acesso ao repositório. Além disso, existem diversas máquinas de inferência para a Web Semântica. Elas são utilizadas para derivar um conhecimento a partir dos conhecimentos existentes especificados nas ontologias. Uma ferramenta popular para trabalhar com as ontologias é a plataforma Protégé [29].

7.2.1 Linguagem OWL

A tecnologia da Web Semântica inclui diversos padrões. Um exemplo de um padrão largamente aceito é a linguagem OWL. Como um resultado do trabalho do consórcio *World Wide Web Consortium* (W3C), a camada de ontologia da arquitetura da Web Semântica foi implementada pelo padrão OWL. A especificação da linguagem OWL é recomendada pelo consórcio W3C.

O padrão OWL facilita a representação de conteúdo interpretável pelos computadores na Web. Ele é uma linguagem para expressar o conhecimento na forma de ontologias. A utilização de ontologias para apoiar o compartilhamento de informações e a interoperabilidade semântica vem sendo pesquisada há algum tempo. Recentemente, alguns métodos para o raciocínio automático foram desenvolvidos baseados no padrão OWL [30]. Eles podem ser aplicados para processar o conteúdo na linguagem OWL. O conhecimento de domínio oferecido pelas ontologias pode apoiar a análise dos documentos com o objetivo de compreender o conteúdo.

A fundamentação formal do padrão OWL é baseada na lógica de descrição. A linguagem OWL é uma revisão do padrão DAML+OIL, uma linguagem construída sobre a linguagem de ontologia DARPA (*Defense Advanced Research Projects Agency*) *Agent Markup Language* (DAML) *ONTology language* (DAML-ONT) em um esforço para combinar os componentes de linguagem da *Ontology Inference Layer* (OIL).

A linguagem OWL estende os padrões RDF e RDFS e provê um vocabulário adicional. Por exemplo, ela estende o vocabulário do padrão RDFS para as classes e as propriedades dos recursos do padrão RDF com a habilidade de descrever os relacionamentos entre as classes (disjunção), a cardinalidade (exatamente um) e as características de propriedades (simetria), dentre outras novidades.

A Figura 7.6 apresenta um exemplo no qual a classe de filmes da produtora chamada *Produtora ABC* foi definida através da interseção entre a classe de filmes e a classe de obras produzidas pela produtora.

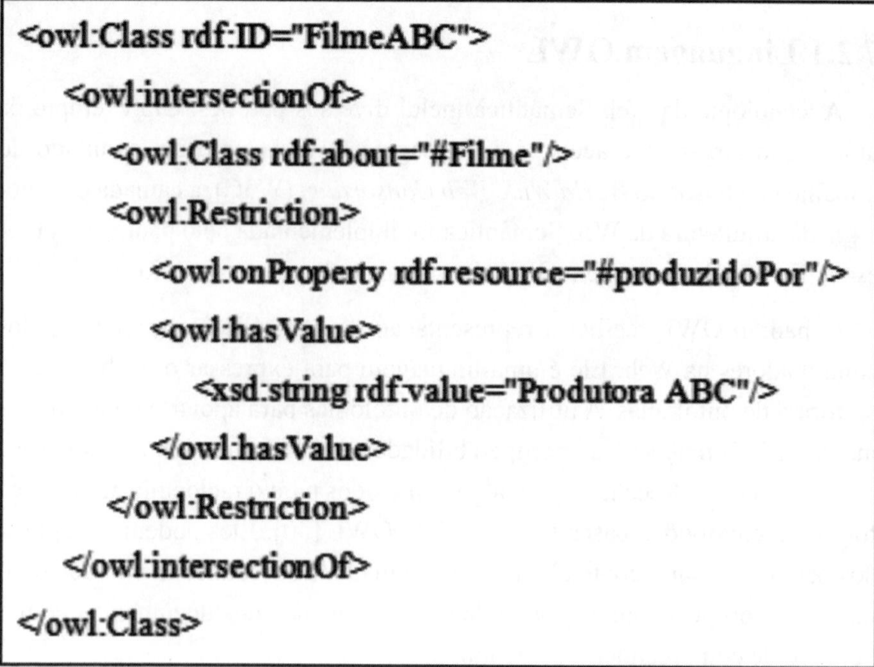

```
<owl:Class rdf:ID="FilmeABC">
   <owl:intersectionOf>
      <owl:Class rdf:about="#Filme"/>
      <owl:Restriction>
         <owl:onProperty rdf:resource="#produzidoPor"/>
         <owl:hasValue>
            <xsd:string rdf:value="Produtora ABC"/>
         </owl:hasValue>
      </owl:Restriction>
   </owl:intersectionOf>
</owl:Class>
```

Figura 7.6: Classe OWL

7.2.2 Sublinguagens OWL

O padrão OWL possui três sublinguagens: *OWL Lite*, *OWL Description Logics* (OWL DL) e *OWL Full*. Essas sublinguagens possuem os níveis de expressividade e de complexidade crescentes. Cada sublinguagem estende o seu predecessor em termos das possibilidades de representação e de inferência.

A seguir, as sublinguagens OWL são apresentadas:

- ❖ OWL Lite: essa sublinguagem foi projetada para as aplicações que demandam uma hierarquia de classificação e restrições simples. A complexidade da sublinguagem *OWL Lite* é menor do que a complexidade da OWL DL;
- ❖ **OWL DL**: é a sublinguagem OWL com um nível intermediário de complexidade. Ela inclui todos os construtores do padrão OWL, mas com algumas restrições de utilização. Assim, a sublinguagem OWL DL foi projetada para as aplicações que demandam uma expressividade alta com a garantia de que as conclusões são computáveis em tempo finito;
- ❖ OWL Full: essa sublinguagem foi projetada para as aplicações que demandam a expressividade máxima sem quaisquer restrições de utilização. Entretanto, a computabilidade não é garantida. Assim, as sublinguagens *OWL Full* e OWL DL são similares em termos das suas características, mas o número de possibilidades de combinações entre as características é maior na sublinguagem *OWL Full*.

7.3 Serviços Web Semânticos

Assim como ocorre com as páginas Web, a semântica pode ser adicionada aos serviços Web. Essa adição de semântica facilita a utilização da tecnologia de serviços Web como uma plataforma de integração dos sistemas computacionais. Isso acontece porque os serviços Web semânticos, como é conhecida a nova tecnologia resultante dessa adição de semântica aos serviços Web, possibilitam o compartilhamento e a integração dos sistemas computacionais por meio do emprego das definições compartilháveis chamadas de anotações semânticas. Assim, os mecanismos inteligentes podem ser utilizados para automatizar o ciclo de vida dos serviços Web com base nos modelos de descrição semântica [31].

Portanto, a tecnologia de serviços Web semânticos refere-se à integração das tecnologias da Web Semântica e de serviços Web. As técnicas da Web Semântica, que incluem a aplicação da representação de conhecimento no ambiente da Web, são um modo de prover as especificações ricas de recursos Web. O novo paradigma de pesquisa de serviços Web semânticos inclui o aprimoramento das especificações de serviços Web utilizando as anotações da Web Semântica. Essa descrição de serviço enriquecida provê um apoio para a automação das atividades relacionadas à tecnologia de serviços Web.

Diversas abordagens para a criação e a utilização de serviços Web semânticos foram propostas na literatura. Dois exemplos de abordagens de serviços Web semânticos bem conhecidos incluem a ontologia *Web Ontology Language for Services* (OWL-S) [32] e a ontologia *Web Service Modeling Ontology* (WSMO) [33].

A tecnologia de serviços Web pode apoiar a interoperabilidade entre os sistemas computacionais, mas os serviços devem ser interpretáveis pelos computadores. A tecnologia de serviços Web semânticos trata essa questão, procurando definir os serviços Web cujas propriedades são codificadas em uma forma interpretável pelos computadores. Para alcançar essa forma interpretável pelos computadores e não ambígua, os serviços Web semânticos utilizam os padrões da Web Semântica.

A tecnologia de serviços Web semânticos é um passo na direção da visão da Web Semântica. Duas perspectivas podem ser consideradas para definir o relacionamento entre a Web Semântica e a tecnologia de serviços Web [34]:

- Primeiro, as técnicas da Web Semântica podem melhorar a tecnologia de serviços Web atual;

❖ Segundo, a arquitetura de serviços Web, a qual pode apoiar a criação de uma plataforma ubíqua para construir os sistemas computacionais avançados, pode ajudar a visão da Web Semântica a tornar-se mais interessante.

A dinamicidade do ambiente de serviços Web, no qual os serviços podem ser oferecidos e retirados randomicamente, demanda uma estrutura para descrever as propriedades dos serviços Web que facilite a descoberta dos mesmos. A anotação semântica dos serviços Web inclui as especificações das propriedades desses serviços, das suas interfaces e dos pré-requisitos e efeitos da sua utilização. Essa anotação é alcançada utilizando as ontologias computacionais.

A anotação semântica dos serviços Web cria uma base de conhecimento distribuída, a qual permite a utilização do raciocínio computacional sobre as descrições dos serviços Web para realizar a descoberta automática dos serviços, dentre outras ações.

Alguns esforços de padronização e pesquisa emergiram na área de serviços Web semânticos. A seguir, um dos exemplos mais citados, a linguagem OWL-S, será apresentado.

7.3.1 OWL-S

A linguagem OWL-S, inicialmente chamada de *DAML Services* (DAML-S), é uma ontologia para serviços Web baseada no padrão OWL. A divisão de serviços Web semânticos do programa DAML desenvolveu a ontologia OWL-S e a submeteu ao consórcio W3C para discussão e recomendação. As versões iniciais da ontologia OWL-S, ou seja, as versões da ontologia DAML-S, foram construídas sobre o padrão DAML+OIL, o predecessor da linguagem OWL.

O objetivo dos padrões da Web Semântica é tornar possível uma descrição de recursos Web, incluindo serviços, interpretável por computador. Assim, uma ontologia padrão, consistindo em classes e propriedades básicas, deveria ser utilizada para descrever os serviços. Uma estrutura apropriada que pode ser utilizada como uma base é oferecida pela linguagem OWL. A linguagem

OWL-S representa um esforço para definir tal ontologia e a sua versão atual foi construída sobre a linguagem OWL.

A ontologia OWL-S provê um conjunto de construtores de marcação para especificar semanticamente as propriedades dos serviços Web. Ela é uma das primeiras ontologias para descrever os serviços Web. Atualmente, ela tem diversos usuários na indústria e na academia.

A ontologia OWL-S utiliza uma abordagem em camadas e ela está sendo desenvolvida para apoiar os seguintes tipos de atividades relacionadas à tecnologia de serviços Web:

- **Descoberta automática de serviços Web**: o processo de descoberta automática é a localização automatizada dos serviços Web que satisfazem os requisitos da organização consumidora. Atualmente, esse tipo de atividade deve ser realizado manualmente. A ontologia OWL-S permite a descrição das informações necessárias para a descoberta em uma forma interpretável por computador. Assim, as organizações consumidoras podem descobrir os serviços automaticamente;
- **Invocação automática de serviços Web**: o processo de invocação automática do serviço Web é feito pelas aplicações que não foram programadas para invocar aquele serviço particular explicitamente. Nesse processo, apenas as descrições declarativas dos serviços invocados estão disponíveis para as aplicações das organizações consumidoras. Uma descrição OWL-S de um serviço Web provê uma interface declarativa com a semântica dos argumentos a serem utilizados na invocação do serviço e das mensagens que serão retornadas quando o serviço terminar a sua execução;
- **Composição automática de serviços Web**: esse processo automático inclui a composição e a interoperação de serviços Web automatizadas. Isso é realizado com o objetivo de executar as tarefas de serviço complexas quando as descrições de alto nível dos requisitos das organizações consumidoras são fornecidas. Uma tarefa de serviço complexa é aquela que requer um conjunto de serviços Web para ser concluída.

Na abordagem da ontologia OWL-S, as informações necessárias para selecionar e para compor os serviços são representadas semanticamente, incluindo os pré-requisitos e os efeitos dos serviços. Além disso, a ontologia OWL-S provê uma linguagem de descrição para as composições de serviços e as interações de fluxo de dados. Assim, um sistema computacional pode processar essas representações juntamente com a descrição dos seus requisitos para realizar uma tarefa de serviço complexa automaticamente.

A ontologia OWL-S possui três partes:

- **Perfil**: o perfil de serviço é utilizado para publicar e para descobrir o serviço Web. Essa parte da ontologia OWL-S representa o que um serviço provê. Um perfil é definido em uma forma adequada para a verificação da sua compatibilidade. O perfil de serviço é capturado pela classe chamada *ServiceProfile*;
- **Modelo**: a parte do modelo de serviço provê uma descrição detalhada de como utilizar o serviço Web. Um modelo de serviço descreve o conteúdo das requisições de serviço e os processos que geram os resultados dos serviços. A descrição do modelo de serviço é utilizada para compor os serviços e para coordenar os participantes para a execução de uma tarefa específica. Essa parte da ontologia é capturada pela classe *ServiceModel*;
- **Base**: a parte da base de serviço especifica como interagir com o serviço Web. Essa parte oferece os detalhes necessários sobre os protocolos de transporte, os formatos de mensagem e outros detalhes específicos para o serviço. A descrição da base especifica um modo de trocar com o serviço dados dos tipos definidos na parte do modelo de serviço. Essa parte da ontologia OWL-S é capturada pela classe *ServiceGrounding*.

Na ontologia OWL-S, conforme mostrado na Figura 7.7, *Service* é a classe principal para um serviço Web. Cada serviço deve ter uma instância dessa classe. A classe *Service* inclui as propriedades chamadas *presents*, *describedBy* e *supports* para as classes *ServiceProfile*, *ServiceModel* e *ServiceGrounding*, respectivamente.

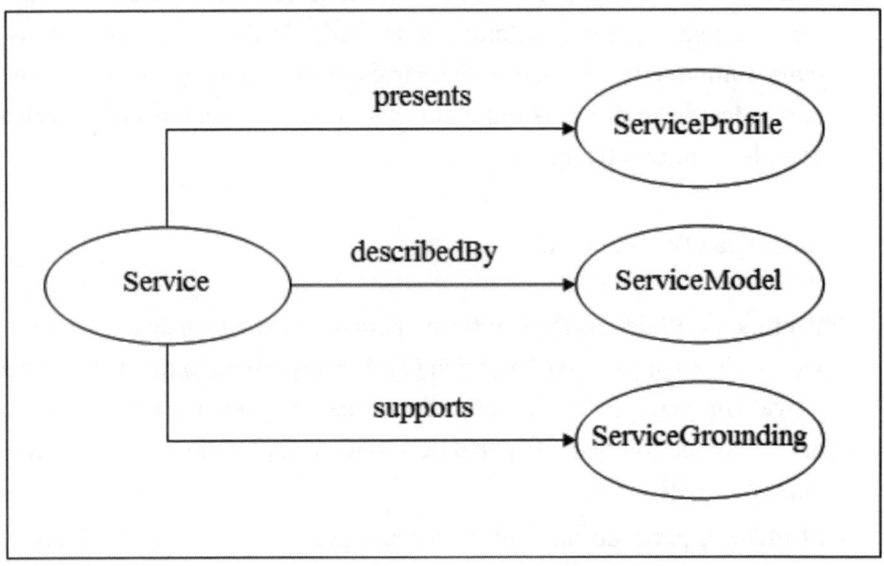

Figura 7.7: Visão geral da ontologia OWL-S

7.3 Processos de Negócio e Semântica

As tecnologias da Web Semântica e de serviços Web semânticos podem ajudar a aumentar o grau de automatização na Gestão de Processos de Negócio [35].

A Gestão de Processos de Negócio precisa de uma representação uniforme dos processos de negócio no nível semântico, a qual deve permitir a execução das consultas inteligentes e das inferências computacionais. Dessa forma, as organizações possuirão um conhecimento mais completo sobre os seus processos de negócio e, portanto, um controle mais adequado sobre os mesmos. A falta dessa representação é um dos principais obstáculos para a maior automatização da Gestão de Processos de Negócio.

A Web Semântica e a tecnologia de serviços Web semânticos oferecem as técnicas de representação de conhecimento apropriadas. Por isso, essas tecnologias podem ser integradas à Gestão de Processos de Negócio para criar a representação semântica necessária dos processos de negócio, de forma que os processos de negócio possam ser consultados por meio das expressões lógicas.

Uma questão importante que tem sido alvo de diversos estudos é a possibilidade de criar um novo processo de negócio a partir de uma representação de alto nível de um objetivo de negócio, e não apenas com base na descrição de uma composição de serviços, como, por exemplo, na linguagem WS-BPEL. A integração da tecnologia de serviços Web semânticos à Gestão de Processos de Negócio também pode ajudar a resolver essa questão, pois quando o processo de negócio está acessível no nível semântico, ele pode ser empregado no raciocínio computacional.

Uma consulta pode ser definida como uma representação processável por computador de uma expressão lógica que define um subconjunto de todos os fatos do universo de discurso e é utilizada como uma requisição para retornar todos os fatos conhecidos, incluindo os fatos implícitos, que satisfazem a expressão lógica. Alguns exemplos de consultas são listados a seguir:

- Dado um sistema, que processos de negócio dependem daquele sistema;
- Dada uma organização, que processos de negócio envolvem aquela organização;
- Dada uma especificação, qual a possibilidade de se criar um processo de negócio que seja compatível com aquela especificação;
- Dado um valor monetário, qual a possibilidade de se criar um processo de negócio que custe menos do que aquele valor.

Para responder a questões como essas de forma automatizada, dois tipos de representações são necessários:

- Uma representação acessível por computador dos processos de negócio e dos seus ambientes operacionais;

- Uma representação acessível por computador das consultas que podem ser realizadas tanto pelas organizações consumidoras quanto pelas organizações provedoras.

O desenvolvimento de ontologias para o ambiente de negócio da organização e a utilização de mecanismos de inferência sobre essas ontologias, juntamente com as técnicas de descoberta e de composição automáticas de serviços Web, oferecem o apoio técnico necessário para a realização de tais consultas sobre os processos de negócio da organização. Portanto, a Gestão de Processos de Negócio semântica segue a seguinte abordagem:

1. Representar e descrever semanticamente cada processo de negócio e as suas atividades básicas como um serviço Web semântico em um repositório;
2. Capturar todos os recursos de hardware e software do ambiente computacional na forma de uma ontologia. Isso é necessário para, por exemplo, verificar se uma alteração em um processo de negócio é compatível com a infraestrutura computacional disponível;
3. Coletar as regras de negócio (conhecimento de domínio) e armazená-las na forma de axiomas;
4. Mapear os dados transacionais dos vários sistemas da organização em um armazém de instâncias virtuais para que esses dados sejam acessíveis às tarefas de raciocínio sem a necessidade de replicá-los;
5. Expressar as consultas em uma linguagem de consulta de ontologias;
6. Modelar as necessidades dos especialistas de negócio como objetivos de negócio;
7. Utilizar um ambiente de execução de serviços Web semânticos para a mediação entre os objetivos de negócio e as consultas e o ambiente de negócio real.

7.4 Aplicações de Ontologia

A abordagem da Gestão de Processos de Negócio semântica combina as tecnologias da Web Semântica e de serviços Web semânticos com a Gestão de Processos de Negócio.

Basicamente, essa abordagem corresponde ao emprego de ontologias computacionais e de raciocínio semântico na área de processos de negócio. Diferentes aspectos envolvidos na Gestão de Processos de Negócio podem aproveitar os benefícios proporcionados pela utilização de ontologias. A seguir, a aplicação de ontologias no aspecto de Qualidade de Serviço é apresentada.

7.4.1 Qualidade de Serviço

A área de ontologias para QoS é uma área de pesquisa intensa atualmente. Diferentes ontologias para QoS foram desenvolvidas e várias arquiteturas foram propostas na literatura para a utilização dessas ontologias com o objetivo de aumentar a eficiência da descoberta e da composição de serviços eletrônicos.

A utilização de ontologias na área de QoS oferece uma boa oportunidade para trabalhar com mais detalhes cada uma das diversas características não funcionais de serviços eletrônicos, tais como os atributos de QoS descritos no capítulo sobre Qualidade de Serviço.

Uma ontologia para segurança em serviços Web [36] exemplifica essa abordagem. Essa ontologia inclui alguns conceitos para proteger as trocas de mensagens entre serviços Web. Ela apoia um nível alto de abstração para lidar com os objetivos de segurança.

Na ontologia, a classe raiz é chamada *MessageSecurity*. Essa classe tem duas propriedades, incluindo uma do tipo *KeyBearing* e outra do tipo *SecurityGoal*. A Figura 7.8 apresenta as principais classes e os seus relacionamentos com os objetivos de segurança de mensagens.

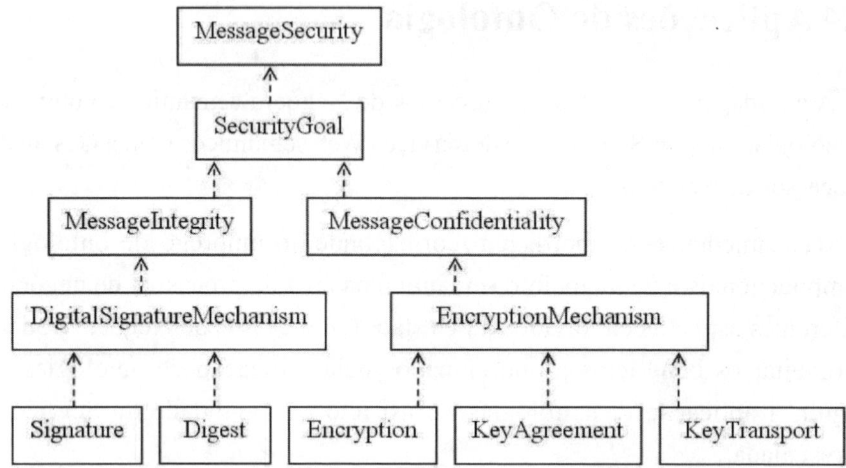

Figura 7.8: Ontologia de segurança: objetivos de segurança

A classe *SecurityGoal* representa os objetivos de segurança de mensagens, incluindo sua integridade e confidencialidade. Esses objetivos são capturados na ontologia definindo duas subclasses de *SecurityGoal*: *MessageIntegrity* e *MessageConfidentiality*.

O mecanismo de assinatura digital está associado ao objetivo de integridade de mensagens como uma técnica para alcançá-lo. Esse mecanismo é representado pela classe *DigitalSignatureMechanism*, a qual inclui propriedades dos seguintes tipos:

- *Signature*: os algoritmos de assinatura são representados por instâncias dessa classe, incluindo os algoritmos DSA-SHA1 (*Digital Signature Algorithm - Secure Hash Algorithm*) e RSA-SHA1 (*Rivest Shamir Adleman - SHA*);
- *Digest*: os algoritmos de resumo são capturados por essa classe, a qual inclui instâncias tais como SHA1, SHA256 e SHA512.

O mecanismo de criptografia está associado ao objetivo de confidencialidade de mensagens. A classe *EncryptionMechanism* representa esse mecanismo e inclui propriedades dos seguintes tipos:

❖ *Encryption*: essa classe especifica os algoritmos de criptografia. Duas especializações foram definidas para representar os algoritmos de criptografia de bloco e de fluxo. Assim, além de ter algumas propriedades específicas, eles herdam as propriedades da classe *Encryption*;

❖ *KeyTransport*: os algoritmos de transporte de chaves são representados pelas instâncias dessa classe, incluindo os algoritmos RSA-v1.5 e RSA--OAEP (*RSA - Optimal Asymmetric Encryption Padding*);

❖ *KeyAgreement*: essa classe define os algoritmos de acordos de chaves. Ela inclui a instância *Diffie-Hellman*.

A Figura 7.9 apresenta as principais classes da ontologia relacionadas aos mecanismos de armazenamento de chaves.

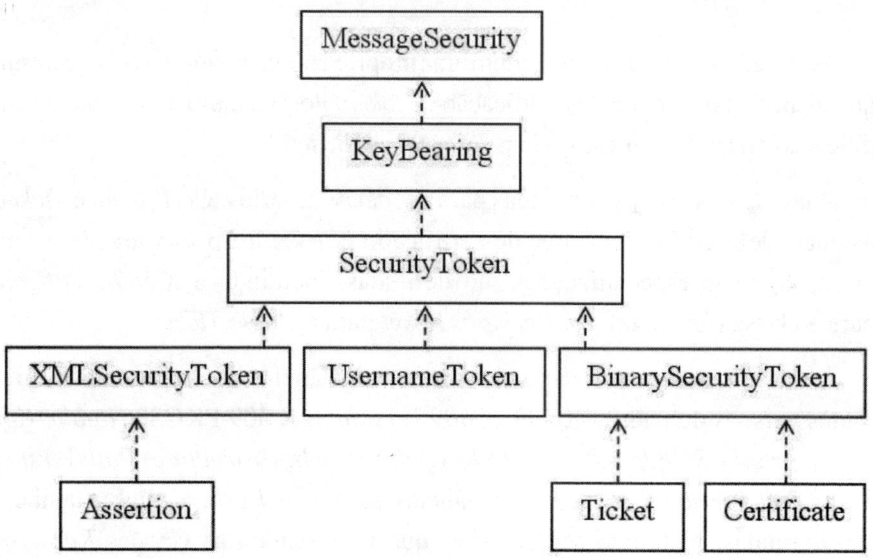

Figura 7.9: Ontologia de segurança: armazenamento de chaves

A classe *KeyBearing* representa os mecanismos de armazenamento de chaves de segurança. Um exemplo de um mecanismo de armazenamento de chaves é definido pela classe *SecurityToken*, que é uma subclasse da classe *KeyBearing*.

Os mecanismos de assinatura digital e criptografia utilizam as chaves de segurança. Os *tokens* são utilizados para mantê-las dentro ou fora das mensagens. Existem diferentes tipos de *tokens* com diferentes maneiras de associá-los às mensagens. A classe *SecurityToken* inclui três subclasses de tipos de *tokens*:

- ❖ *UsernameToken*: os *tokens* de nome de usuário oferecem um meio de fornecer nomes de usuário aos serviços Web de forma que eles possam ser utilizados;
- ❖ *BinarySecurityToken*: esse tipo de *token* inclui os *tokens* de segurança de formato binário;
- ❖ *XMLSecurityToken*: esse tipo inclui os *tokens* de segurança baseados na linguagem XML.

A classe *BinarySecurityToken* tem uma propriedade chamada *encodingFormat* que identifica o formato de codificação de *token*. Por exemplo, o formato de codificação *base64* é representado pela instância *Base64*.

Duas classes são especificadas para os *tokens* binários: *Certificate* e *Ticket*, as quais definem os conceitos de certificado e *ticket*, respectivamente. Além disso, algumas especializações são definidas, incluindo a *X.509Certificate* para a classe *Certificate* e a *KerberosTicket* para a classe *Ticket*.

A classe *X.509Certificate* inclui diversas instâncias que representam diferentes versões do padrão X.509: *X.509 Version 3*, X.509 PKCS7 (*Public Key Cryptography Standards*), *X.509 PKI* (*PublicKey Infrastructure*) *Path Version 1* e *X.509 Version 1*. Algumas instâncias da classe *KerberosTicket* também são definidas, incluindo as instâncias que representam as versões *Kerberos Version 5 AP-REQ* (*Application Request*) e *GSS* (*Generic Security Service*) *Kerberos Version 5 AP-REQ*.

O mesmo esquema é utilizado para os *tokens* baseados em XML. A classe *Assertion* é uma subclasse da classe *XMLSecurityToken*. Ela representa as asserções de segurança. A classe *SAMLAssertion* é definida como uma especialização para essa classe. *SAML-v1.1* e *SAML-v2.0* são especificadas como instâncias da classe *SAMLAssertion*. Essas instâncias representam diferentes versões da linguagem *Security Assertion Markup Language* (SAML), incluindo a *SAML Version 1.1* e a *SAML Version 2.0*.

Essa ontologia oferece uma abordagem flexível para apoiar a interoperabilidade. Ela pode ser estendida com técnicas e tecnologias de segurança de mensagens adicionais através da inclusão de novas classes e propriedades.

O vocabulário definido pela ontologia é utilizado nas políticas que especificam os requisitos e as capacidades de segurança dos serviços Web. A estrutura básica dessas políticas segue a forma normal do padrão *WS-Policy* que foi apresentada no capítulo sobre QoS.

É nas suas asserções que uma política é especializada. As asserções utilizam os conceitos da ontologia e podem ser especificadas de um modo mais geral ou mais específico. Por exemplo, uma política pode ser definida para uma organização consumidora que demanda serviços capazes de processar certificados de segurança. Outra política pode ser utilizada para indicar que um serviço Web requer um formato de certificado específico emitido por uma autoridade certificadora específica.

A Figura 7.10 mostra um exemplo de uma asserção extraída de uma política que define as propriedades de segurança de um serviço. Ela apresenta uma asserção de *token* e indica que o serviço utiliza o *token X.509 Version 3* (Linha 1) com o formato *base64* (Linha 3). O atributo *Id* (Linha 2) especifica o identificador local do elemento *token*. O prefixo *sec* está associado ao espaço de nomes da ontologia de segurança.

```
1   <sec:X.509-v3
2        wsu:Id = "X.509Token"
3        EncodingFormat = "sec:Base64"/>
```

Figura 7.10: Asserção de *token*

O exemplo na Figura 7.11 mostra a descrição da proteção de integridade de mensagens oferecida pelo serviço. Ele declara que o serviço utiliza o algoritmo de assinatura RSA-SHA1 (Linha 1). Esse algoritmo é empregado para assinar o corpo (Linha 6) e o cabeçalho de carimbo de tempo (Linha 7) das mensagens SOAP. O *token* definido na Figura 7.10 é utilizado pelo mecanismo de assinatura (Linha 3).

```
1   <sec:RSA-SHA1>
2       <sec:Token>
3           <sec:Reference URI = "#X.509Token"/>
4       </sec:Token>
5       <sec:SignedParts>
6           <sec:Body/>
7           <sec:TimestampHeader/>
8       </sec:SignedParts>
9   </sec:RSA-SHA1>
```

Figura 7.11: Asserção de assinatura digital

As operações de política definidas pelo padrão *WS-Policy* podem ser utilizadas para processar essas políticas de segurança. Por exemplo, a operação de interseção é utilizada para determinar os serviços cujas políticas de segurança são adequadas à política de segurança da organização consumidora em questão. A diferença em relação à operação de interseção padrão é que a compatibilidade entre as asserções das políticas é determinada através de verificações semânticas, por exemplo, verificando se as asserções possuem o relacionamento classe – subclasse entre elas ou o relacionamento classe – instância. Assim, se uma organização consumidora inclui na sua política o conceito *MessageIntegrity* da ontologia, então o serviço requerido pela organização consumidora deve prover a proteção da integridade das mensagens. Com isso, o serviço para o qual a asserção na Figura 7.11 foi definida é considerado um parceiro apropriado para essa organização consumidora. Isso é possível, pois o conhecimento de domínio capturado pela ontologia possibilita ao mecanismo de inferência determinar que o serviço tem a capacidade de proteger a integridade das mensagens, conforme requerido pela organização consumidora.

7.5 Considerações Finais

A Gestão de Processos de Negócio apresenta-se como uma importante área de aplicação para os recursos computacionais na manipulação da semântica das informações.

Uma abordagem que sugere a utilização das tecnologias da Web Semântica e de serviços Web semânticos na área da Gestão de Processos de Negócio foi discutida neste capítulo. Ela mostra como a utilização das ontologias pode ajudar a aumentar a eficiência na resposta às consultas sobre os processos de negócio de uma organização e também na criação de novos processos de negócio de forma mais automatizada.

Neste capítulo, a Web Semântica foi apresentada, juntamente com o padrão OWL. A tecnologia de serviços Web semânticos também foi assunto deste capítulo, dando ênfase à ontologia OWL-S.

Finalmente, uma aplicação de ontologias em Gestão de Processos de Negócio foi mostrada, na área de QoS.

Referências

[1] T. Berners-Lee; J. Hendler; O. Lassila. “The Semantic Web”. *Scientific American*, 284(5):34-43, 2001.

[2] Nigel Shadbolt; Wendy Hall; Tim Berners-Lee. “The Semantic Web Revisited’. *IEEE Intelligent Systems*, 21(3):96-101, 2006.

[3] Tim Bray*et alii*. Extensible Markup Language (XML) 1.0 (Fifth Edition). W3C, 26/11/2008, disponível em: http://www.w3.org/TR/2008/REC--xml-20081126/. Acessado em 11/2009.

[4] Frank Manola; Eric Miller. RDF Primer. W3C, 10/2/2004, disponível em: http://www.w3.org/TR/2004/REC-rdf-primer-20040210/. Acessado em 11/2009.

[5] The Unicode Consortium. *The Unicode Standard, Version 5.0*. Addison--Wesley Professional, 2006.

[6] T. Berners-Lee; R. Fielding; L. Masinter. Uniform Resource Identifiers (URI): Generic Syntax. Network Working Group, Request for Comments: 2396, 8/1998, disponível em: http://www.ietf.org/rfc/rfc2396.txt. Acessado em 11/2009.

[7] Tim Bray; Dave Hollander; Andrew Layman; Richard Tobin. Namespaces in XML 1.0 (Second Edition). W3C, 16/8/2006, disponível em: http://www.w3.org/TR/2006/REC-xml-names-20060816. Acessado em 11/2009.

[8] David C. Fallside; Priscilla Walmsley. XML Schema Part 0: Primer Second Edition. W3C, 28/10/2004, disponível em: http://www.w3.org/TR/2004/REC-xmlschema-0-20041028/. Acessado em 11/2009.

[9] Dan Brickley; R. V. Guha. RDF Vocabulary Description Language 1.0: RDF Schema. W3C, 10/2/2004, disponível em: http://www.w3.org/TR/2004/REC-rdf-schema-20040210/. Acessado em 11/2009.

[10] Deborah L. McGuinness; Frank van Harmelen. OWL Web Ontology Language Overview. W3C, 10/2/2004 disponível em: http://www.w3.org/TR/2004/REC-owl-features-20040210/. Acessado em 11/2009.

[11] Ian Horrocks*et alii*. SWRL: A Semantic Web Rule Language Combining OWL and RuleML. W3C, 21/5/2004, disponível em: http://www.w3.org/Submission/2004/SUBM-SWRL-20040521/. Acessado em 11/2009.

[12] Ian Horrocks*et alii*. "Semantic Web Architecture: Stack or Two Towers?"*In*:*Principles and Practice of Semantic Web Reasoning*.Berlim: Springer, 2005, pp. 37-41.

[13] T. R. Gruber. "A Translation Approach to Portable Ontology Specificatinos". *Knowledge Acquisition*, 5:199-220, 1993.

[14] Dieter Fensel.*Ontologies: A Silver Bullet for Knowledge Management and Electronic Commerce*. Berlim: Springer, 2001.

[15] Stanford Center for Biomedical Informatics Research. The Protégé Ontology Editor and Knowledge Acquisition System, disponível em: http://protege.stanford.edu/. Acessado em 11/2009.

[16] V. Kolovski; B. Parsia; Y. Katz; J. A. Hendler. "Representing Web service policies in OWL-DL". *In:* Gil *et alii.* (Eds.).*Lecture Notes in Computer Science*, 3729:461-475, 2005.

[17] S. McIlraith; T. C. Son; H. Zeng. "Semantic Web services". *IEEE Intelligent Systems*, Special Issue on The Semantic Web, 16(2):46-53, 2001.

[18] David Martin*et alii*.. OWL-S: Semantic Markup for Web Services. W3C, 22/11/2004, disponível em: http://www.w3.org/Submission/2004/SUBM-OWL-S-20041122/. Acessado em 11/2009.

[19] Jos de Bruijn*et alii*.. Web Service Modeling Ontology (WSMO). W3C, 3/6/2005, disponível em: http://www.w3.org/Submission/2005/SUBM--WSMO-20050603/. Acessado em 11/2009.

[20] Terry R. Payne; Ora Lassila. "Guest Editors' Introduction: Semantic Web Services". *IEEE Intelligent Systems*, 19(4):14-15, 2004.

[21] Martin Hepp*et alii*. "Semantic Business Process Management: A Vision Towards Using Semantic Web Services for Business Process Management". *Anais IEEE International Conference on e-Business Engineering* (ICEBE'05), 2005, pp. 535-540.

[22] D. Garcia; M. B. F. de Toledo. "Web service security management using semantic web techniques". *Anais ACM Symposium on Applied Computing* (SAC'08), 2008, pp. 2256-2260.

Estudo de Caso

Esse capítulo apresentará um exemplo de processo interorganizacional e sua especificação utilizando os vários padrões adotados pela comunidade de serviços Web. O processo é descrito na Seção 8.1 e o modelo na notação BPMN é apresentado na seção seguinte. Os serviços que realizam as atividades do processo são descritos na Seção 8.3 e a orquestração em WS-BPEL [1] e a coreografia em WS-CDL [2] nas Seções 8.4 e 8.5, respectivamente.

8.1.O Processo de Iniciação ao Crédito

O processo que utilizaremos como exemplo simula uma solicitação de cartão de crédito por uma pessoa física. Chamaremos este solicitante de Proponente; a solicitação é feita para uma Operadora de Cartão de Crédito, que executa um Processo de Negócio a fim de verificar se a proposta será aceita. Ao final do processo, uma resposta é enviada para o Proponente confirmando ou negando a solicitação.

Os seguintes passos compõem o processo:

1. O proponente preenche a solicitação do cartão de crédito via Internet.
2. A Unidade de Negócios da Operadora confirma os dados cadastrais preenchidos, tais como endereço residencial, o tempo de residência, telefone para contato, e-mail, renda e tempo no emprego atual.

   a. Se as informações não conferem, a proposta é negada e uma correspondência é enviada para o Proponente;
   b. Se as informações conferem, a análise prossegue.

3. A Unidade de Negócios consulta restrições de crédito em órgãos especializados de âmbito federal e estadual.
   a. Se constarem restrições, a proposta é negada e uma correspondência é enviada para o Proponente;
   b. Se não constarem, a análise prossegue.

4. A Unidade de Negócios efetua consulta interna para avaliar o histórico do Proponente.
   a. Se constarem restrições, a proposta é negada e uma correspondência é enviada para o Proponente;
   b. Se não constarem, a análise prossegue.

5. O Sistema de Propostas efetua o cálculo da pontuação de crédito através de variáveis como:
   a. Residência: própria ou alugada?
   b. Possui veículo?
   c. Possui seguro de automóvel?
   d. Possui seguro residencial?
   e. Possui seguro de vida?
   f. Possui conta-corrente?
   g. Possui investimentos?
   h. Possui empréstimos?
   i. Possui outros cartões de crédito? Quais?

6. Com base nestas variáveis, é determinada uma pontuação de crédito para o Proponente.
   a. Caso esta pontuação seja menor que um mínimo, a proposta é negada e uma correspondência é enviada para o Proponente;
   b. Caso contrário, a proposta é aprovada.

7. O Sistema de Propostas faz interface com o Sistema de Cartões e gera o cartão de crédito.

8. O Proponente recebe o kit de boas-vindas e o cartão de crédito em seu endereço de correspondência.

9. O processo de Iniciação ao Crédito chega ao fim.

8.2. Modelagem em BPMN

Uma das primeiras etapas da análise de um processo de negócio é a sua modelagem através de um diagrama BPMN, onde ficam claro quais são as organizações participantes do processo, as atividades que elas executam e como elas interagem.

A Figura 8.1 mostra o diagrama de processo de negócio do processo de Iniciação ao Crédito.

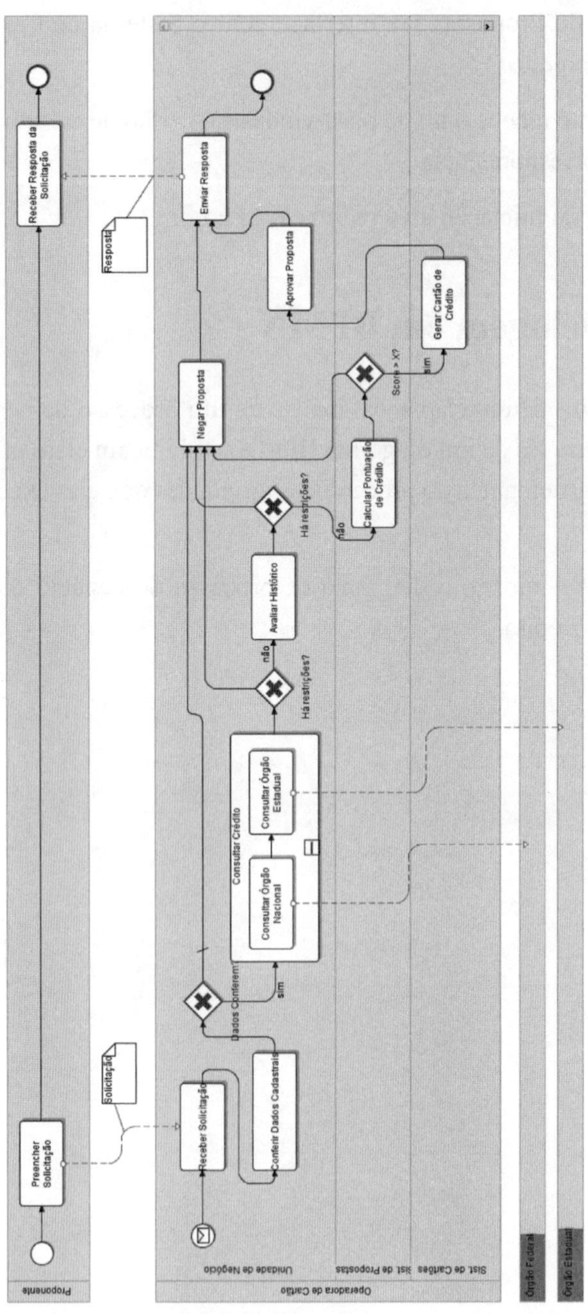

Figura 8.1: Diagrama BPMN do processo de Iniciação ao Crédito

Primeiramente, note a existência de 4 piscinas[18] representando os participantes do processo: o `Proponente`, a `Operadora de Cartão`, o `Órgão Federal` de verificação de crédito e o `Órgão Estadual`.

Note também que a piscina da `Operadora` está dividida em 3 raias[19]. A primeira delas representa a `Unidade de Negócios`, que recebe as solicitações e faz a interface com o `Proponente`. A segunda raia representa o `Sistema de Proposta`, que é responsável por prover uma pontuação de crédito para a proposta. Finalmente, a terceira raia representa o `Sistema de Cartões`, que gera os novos cartões e armazena os clientes da `Operadora`.

O processo inicia no `Proponente`, executando a tarefa `Preencher Solicitação`. Esta tarefa representa o passo 1 descrito na seção anterior, onde são preenchidos os dados pessoais e também o formulário de adesão, que contém as questões que serão usadas para determinar a pontuação do `Proponente`. Note a existência de uma mensagem sendo enviada para a `Operadora`, que inicia então o seu fluxo. O artefato associado à mensagem representa os dados da solicitação.

Na piscina da `Operadora`, o fluxo se inicia na tarefa `Receber Solicitação` através do recebimento da mensagem enviada pelo `Proponente`. A partir daí, o processo segue o fluxo de decisões da seção anterior, começando pela verificação dos dados cadastrais enviados (tarefa `Conferir Dados Cadastrais`). Esta tarefa está ligada com um *gateway* de decisão do tipo XOR, o que indica que apenas um dos caminhos poderá ser seguido. Assim, se os dados não conferem, o fluxo vai para a tarefa `Negar Proposta`, que registra o ocorrido, seguido pela tarefa `Enviar Resposta`, que envia a negação da solicitação para o `Proponente`. Observe também a existência da tarefa `Receber Resposta da Solicitação` na piscina do `Proponente` e um fluxo de mensagem entre a tarefa `Enviar Resposta` e ela, indicando a existência de comunicação entre os participantes.

Se os dados cadastrais conferem, o subprocesso `Consultar Crédito` é executado. Este subprocesso é composto de duas tarefas, que realizam a consultas

---

18 Do inglês *pools.*

19 Do inglês *swimlanes.*

de verificação de restrições de crédito nos `Órgãos Federal` e `Estadual`. Esta consulta está representada no diagrama através das mensagens até as piscinas `Órgão Federal` e `Órgão Estadual`. É importante verificar que estas piscinas estão representadas como "caixa-preta", o que indica que os detalhes da consulta não são conhecidos (e não são importantes para a compreensão do processo).

Um *gateway* XOR unido ao subprocesso indica novamente uma tomada de decisão. Caso haja restrições, o fluxo de negação descrito acima se repete; caso contrário, o processo segue para a tarefa `Avaliar Histórico`, onde se analisa o histórico de crédito do `Proponente`. Após esta tarefa, novamente se decide entre negar o pedido ou prosseguir com o processo.

O passo seguinte é o cálculo da pontuação de crédito, representado pela tarefa `Calcular Pontuação de Crédito`. Esta tarefa utiliza o questionário preenchido no momento da solicitação para calcular a pontuação, que deve atingir um mínimo para o prosseguimento do processo.

A tarefa `Gerar Cartão de Crédito`, executada pelo `Sistema de Cartões`, cria o cartão de Crédito e o registra no sistema; finalmente, executam-se as tarefas `Aprovar Proposta`, seguida de `Enviar Resposta`", que envia a resposta para o `Proponente` contendo o cartão e o kit de boas-vindas.

8.3. Definição dos Serviços em WSDL

Após a modelagem BPMN, outro passo no desenvolvimento do processo de negócio é a definição das interfaces dos serviços que o compõem.

Inicialmente, iremos definir as interfaces apenas para as tarefas que no diagrama BPMN comunicam-se através de mensagens; assim, quatro interfaces serão modeladas:

- ❖ Receber Solicitação, da Operadora de Cartão;
- ❖ Consultar Crédito, do Órgão Federal;
- ❖ Consultar Crédito, do Órgão Estadual;
- ❖ Receber Resposta da Solicitação, do Proponente.

O primeiro passo desta etapa é a definição dos dados que são trafegados entre os serviços. Como visto em capítulos anteriores, serviços Web comunicam-se primordialmente através de documentos XML, que, por sua vez, são descritos através de XML *Schemas*.

A Figura 8.2 mostra um *Schema* que pode ser utilizado para descrever o documento XML enviado em uma solicitação de cartão e a resposta correspondente. A listagem está na Figura 8.3.

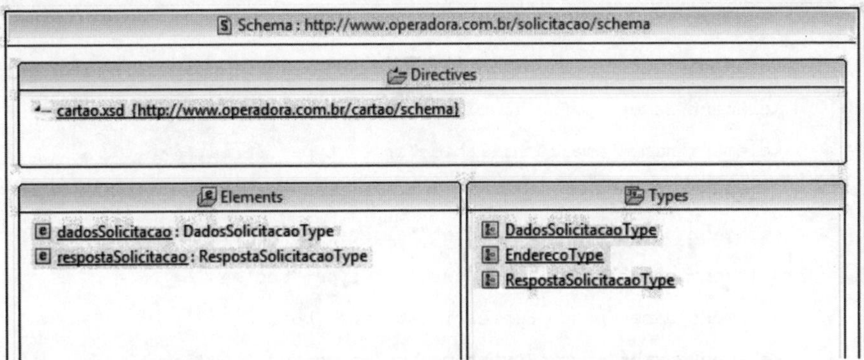

Figura 8.2: *Schema* **que descreve os dados da solicitação**

```
<?xml version="1.0" ?>
<schema elementFormDefault="qualified"
        targetNamespace="http://www.operadora.com.br/solicitacao/schema"
        xmlns="http://www.w3.org/2001/XMLSchema"
        xmlns:car="http://www.operadora.com.br/cartao/schema"
        xmlns:tns="http://www.operadora.com.br/solicitacao/schema">

    <import namespace="http://www.operadora.com.br/cartao/schema"
          schemaLocation="cartao.xsd" />
<complexType name="EnderecoType">
      <sequence>
        <element name="bairro" nillable="true" type="string"/>
        <element name="cep" nillable="true" type="int"/>
```

```
      <element name="cidade" nillable="true" type="string"/>
      <element name="complemento" nillable="true" type="string"/>
      <element name="estado" nillable="true" type="string"/>
      <element name="logradouro" nillable="true" type="string"/>
      <element name="numero" nillable="true" type="int"/>
      <element name="pais" nillable="true" type="string"/>
    </sequence>
  </complexType>
  <complexType name="DadosSolicitacaoType">
    <sequence>
      <element name="cpf" nillable="false" type="long"/>
      <element name="email" nillable="true" type="string"/>
      <element name="endereco" nillable="false" type="tns:EnderecoType"/>
      <element name="nome" nillable="false" type="string"/>
      <element name="possuiContaCorrente" type="boolean"/>
      <element name="possuiEmprestimos" type="boolean"/>
      <element name="possuiInvestimentos" type="boolean"/>
      <element name="possuiMastercard" type="boolean"/>
      <element name="possuiSeguroAutomovel" type="boolean"/>
      <element name="possuiSeguroResidencial" type="boolean"/>
      <element name="possuiSeguroVida" type="boolean"/>
      <element name="possuiVeiculo" type="boolean"/>
      <element name="possuiVisa" type="boolean"/>
      <element name="profissao" nillable="true" type="string"/>
      <element name="rendaAnual" nillable="true" type="long"/>
      <element name="residenciaPropria" type="boolean"/>
      <element name="rg" nillable="true" type="string"/>
      <element name="telefoneCelular" nillable="true" type="string"/>
      <element name="telefoneResidencial" nillable="true" type="string"/>
      <element name="tempoEmpregoAtual" nillable="true" type="int"/>
      <element name="tempoResidencialAtual" nillable="true" type="int"/>
   </sequence>
```

```
  </complexType>

  <complexType name="RespostaSolicitacaoType">
   <sequence>
     <element name="cpf" nillable="false" type="string"/>
     <element name="aprovado" nillable="false" type="boolean"/>
     <element name="mensagem" type="string"/>
     <element name="cartaoCredito" nillable="true"
            type="car:CartaoDeCreditoType"/>
   </sequence>
  </complexType>

  <element name="dadosSolicitacao" type="tns:DadosSolicitacaoType" />
  <element name="respostaSolicitacao" type="tns:RespostaSolicitacaoType" />
</schema>
```

Figura 8.3: XML do c*chema* que descreve os dados da solicitação

Observem que o *namespace* alvo deste *schema* é http://www.operadora.com.br/solicitacao/schema, referenciado através do prefixo `tns`.

Três tipos complexos foram criados neste arquivo: `EnderecoType`, `DadosSolicitacaoType` e `RespostaSolicitacaoType`, representando respectivamente um endereço, os dados que são enviados em uma solicitação e a resposta enviada para o proponente. Ao final do *schema* são definidos também os elementos `dadosSolicitacao` e `respostaSolicitacao`, de tipos `DadosSolicitacaoType` e `RespostaSolicitacaoType`, respectivamente. Estes elementos serão o conteúdo das mensagens enviadas para os serviços.

No tipo `DadosSolicitacaoType` é interessante notar que o elemento *endereco* é declarado através do tipo `EnderecoType` (Figura 8.4).

```
<element name="endereco" nillable="false" type="tns:EnderecoType"/>
```

Figura 8.4: Definição do elemento *endereco* em DadosSolicitacaoType

Analogamente, o tipo `RespostaSolicitacaoType` utiliza o tipo `car:CartaoDeCreditoType` para o elemento `cartaoCredito`. Este tipo está definido em outro *namespace* http://www.operadora.com.br/cartao/schema, que é importado logo no início da Figura 8.3 através do elemento `<import>`.

Este namespace auxiliar e sua listagem podem ser visualizados nas Figuras 8.5 e 8,6, respectivamente.

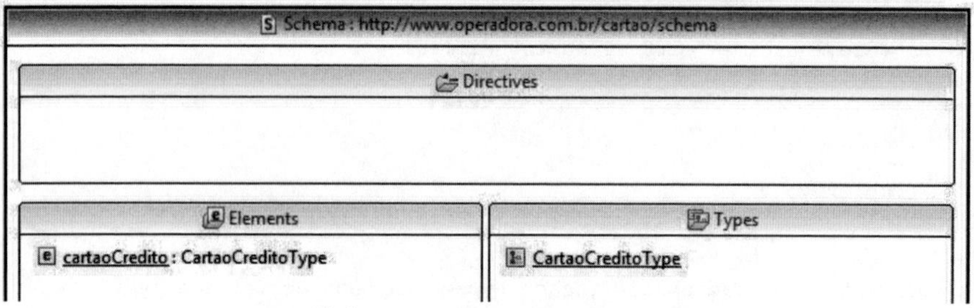

Schema : http://www.operadora.com.br/cartao/schema

Directives	
Elements	**Types**
cartaoCredito : CartaoCreditoType	CartaoCreditoType

Figura 8.5: ***Schema*** **que descreve o cartão de crédito**

```
<?xml version="1.0" ?>
<schema elementFormDefault="qualified"
       targetNamespace="http://www.operadora.com.br/cartao/schema"
       xmlns="http://www.w3.org/2001/XMLSchema"
       xmlns:tns="http://www.operadora.com.br/cartao/schema">
   <complexType name="CartaoCreditoType">
    <sequence>
       <element name="numero" nillable="false" type="string"/>
       <element name="validade" nillable="false" type="date"/>
       <element name="codigo" nillable="false" type="string"/>
    </sequence>
   </complexType>


   <element name="cartaoCredito" type="tns:CartaoCreditoType" />
</schema>
```

Figura 8.6: XML do ***schema*** **que descreve o cartão de crédito**

Neste arquivo define-se apenas o tipo complexo `CartaoCreditoType`, que representa um cartão de crédito e é composto dos elementos `numero`, `validade` e `codigo`. O motivo pelo qual este tipo está em um *schema* separado é a possibilidade de reuso em outros contextos, já que um elemento cartão de crédito pode ser útil em outros cenários, tais como comércio eletrônico e banco pela internet.

Já nas Figuras 8.7 e 8.8 podemos observar o *schema* que define as mensagens que serão utilizadas na consulta de restrições de crédito.

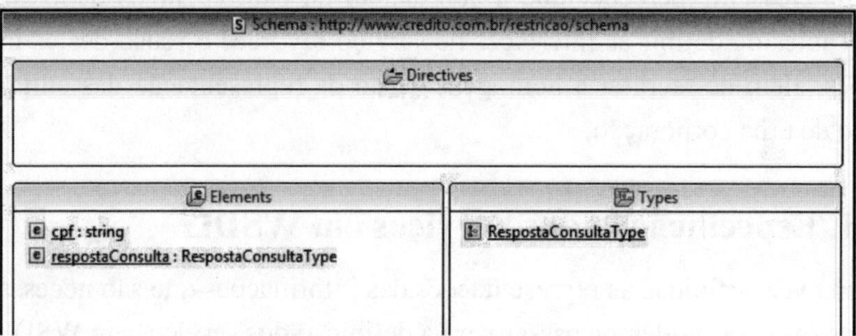

Figura 8.7: *Schema* das mensagens de consulta de restrições de crédito

```
<?xml version="1.0" ?>
<schema elementFormDefault="qualified"
       targetNamespace="http://www.credito.com.br/restricao/schema"
       xmlns="http://www.w3.org/2001/XMLSchema"
       xmlns:tns="http://www.credito.com.br/restricao/schema">


   <complexType name="RespostaConsultaType">
    <sequence>
       <element name="cpf" type="string" />
       <element name="restricoes" type="boolean" />
       <element name="mensagem" type="string" />
    </sequence>
   </complexType>


   <element name="cpf" type="string" />
   <element name="respostaConsulta" type="tns:RespostaConsultaType" />


</schema>
```

Figura 8.8: XML do *schema* das mensagens de consulta de restrições de crédito

Este *schema* está definido no *namespace* http://www.credito.com.br/restricao/schema. Como veremos posteriormente, estes tipos e elementos serão compartilhados entre os serviços dos Órgãos Federal e Estadual. Observem que está sendo criado um tipo complexo `RespostaConsultaType`, que contém as informações presentes na resposta de uma consulta. Além disso, define-se também o elemento simples `cpf`, que será utilizado como entrada para o serviço.

É interessante perceber que a abordagem de padronizar os dados trafegados antes de definir as interfaces de serviço favorece o reuso destas informações, além de facilitar a homogeneização da representação das entidades dentro de uma corporação.

8.3.1. Especificação dos Serviços em WSDL

Uma vez definidas as representações das informações que são necessárias para os serviços, podemos passar para a definição dos serviços em WSDL.

Em um primeiro momento, vamos criar o WSDL da Operadora de Cartão, que define a interface da operação para o recebimento de solicitações de cartão de crédito. As Figuras 8.9 e 8.10 apresentam esta especificação.

Figura 8.9: WSDL do serviço de recebimento de solicitações de cartão

```
<?xml version="1.0" encoding="UTF-8"?>
<wsdl:definitions
        targetNamespace="http://www.operadora.com.br/solicitacao/wsdl"
        xmlns:apachesoap="http://xml.apache.org/xml-soap"
        xmlns:car="http://www.operadora.com.br/cartao/schema"
        xmlns:sol="http://www.operadora.com.br/solicitacao/schema"
        xmlns:tns="http://www.operadora.com.br/solicitacao/wsdl"
        xmlns:wsdl="http://schemas.xmlsoap.org/wsdl/"
        xmlns:wsdlsoap="http://schemas.xmlsoap.org/wsdl/soap/"
```

```
    xmlns:xsd="http://www.w3.org/2001/XMLSchema">

 <wsdl:types>
   <schema elementFormDefault="qualified"
      targetNamespace="http://www.operadora.com.br/solicitacao/wsdl"
      xmlns="http://www.w3.org/2001/XMLSchema">
    <import namespace="http://www.operadora.com.br/solicitacao/schema"
           schemaLocation="solicitacao.xsd"/>
    <import namespace="http://www.operadora.com.br/cartao/schema"
           schemaLocation="cartao.xsd"/>
   </schema>
 </wsdl:types>

<wsdl:message name="solicitaCartaoRequestMessage">
  <wsdl:part element="sol:dadosSolicitacao" name="RequestParameter"/>
</wsdl:message>

<wsdl:portType name="SolicitacaoCartaoInterface">
   <wsdl:operation name="solicitaCartao">
       <wsdl:input message="tns:solicitaCartaoRequestMessage" />
   </wsdl:operation>
</wsdl:portType>

<wsdl:binding name="SolicitacaoCartaoBinding"
           type="tns:SolicitacaoCartaoInterface">
   <wsdlsoap:binding style="document"
                  transport="http://schemas.xmlsoap.org/soap/http"/>
   <wsdl:operation name="solicitaCartao">
     <wsdlsoap:operation
                   soapAction="http://www.operadora.com.br/soapaction"/>
      <wsdl:input>
           <wsdlsoap:body use="literal"/>
      </wsdl:input>
   </wsdl:operation>
```

```
    </wsdl:binding>
    <wsdl:service name="SolicitacaoCartaoService">
        <wsdl:port binding="tns:SolicitacaoCartaoBinding"
                        name="SolicitacaoCartaoPort">
        <wsdlsoap:address location=
                "http://www.operadora.com.br:8080/servicos/SolicitaCartao"/>
    </wsdl:port>
   </wsdl:service>

</wsdl:definitions>
```

Figura 8.10: Listagem XML do WSDL da Figura 8.9

Vamos analisá-lo em partes. A *tag* `<wsdl:definitions>` inicia o WSDL. Nela está definido o *namespace* http://www.operadora.com.br/solicitacao/wsdl para o documento, além de uma série de prefixos para referenciar elementos de outros *namespaces*. Com especial atenção, observem o uso dos prefixos `sol` e `car` para referenciar os *schemas* definidos na seção anterior. Note também o uso de `tns` para referenciar o espaço de nomes corrente.

Em seguida, a *tag* `<wsdl:types>` declara os tipos de dados que são utilizados. No exemplo, nenhum novo tipo é definido; o que se faz é apenas importar os *schemas* definidos anteriormente, de forma que os elementos e tipos complexos possam ser reaproveitados.

A *tag* `<wsdl:message>` define as mensagens trocadas pelos serviços; o trecho acima cria a mensagem de nome `solicitaCartaoRequestMessage`, cujo conteúdo é o elemento `dadosSolicitacao` visto na seção anterior. Em seguida, a *tag* `<wsdl:portType>` cria a interface e as operações que a compõem. Assim, a interface de solicitação de cartão `SolicitacaoCartaoInterface` contém apenas a operação `solicitaCartao`, que, por sua vez, tem como mensagem de entrada `solicitaCartaoRequestMessage`.

Após a definição do *portType*, inicia-se a definição da parte concreta. Como é frequente, neste exemplo a interface está associada ao protocolo

SOAP; dentro de um WSDL, esta associação é feita através do elemento `<wsdl:binding>`.Note o uso do estilo *document* e da codificação *literal* para este *binding*, o que está de acordo com as boas práticas da definição de serviços reutilizáveis e interoperáveis.

Finalmente, criamos o serviço `SolicitacaoCartaoService` e definimos o endereço de acesso ao *binding* `SolicitacaoCartaoBinding` através dos elementos `<wsdl:service>` e `<wsdlsoap:address>`.

Para as operações de verificação de restrição de crédito iremos utilizar uma abordagem diferente. Inicialmente, criaremos um WSDL que contém apenas a parte abstrata; ou seja, serão definidos os tipos de dados, as mensagens trocadas e as operações, mas não incluiremos os elementos relacionados ao *binding* a protocolos e a endereços de rede. A ideia é de que esta definição abstrata seja reutilizada pelos Órgãos Federal e Estadual de verificação de restrições de crédito. Estes órgãos, por sua vez, serão responsáveis por prover a parte "concreta": o protocolo que o órgão utilizou e o endereço de rede em que o serviço deve ser acessado.

Assim, simulamos outro tipo de reuso, em que as definições abstratas são reutilizadas por provedores de serviços. Podemos imaginar um órgão regulador criando a parte abstrata, e as empresas reguladas fornecendo as implementações.

A Figura 8.11 contém as definições abstratas do serviço de consulta de restrições. O XML correspondente pode ser visualizado na Figura 8.12.

ConsultaRestricoesInterface		
consultaRestricoes		
input	RequestParameter	cpf
output	ResponseParameter	respostaConsulta

Figura 8.11: Definições abstratas do serviço de consulta de restrições de crédito

```
<?xml version="1.0" encoding="UTF-8"?>
<wsdl:definitions
       targetNamespace="http://www.credito.com.br/restricao/wsdl"
       xmlns:apachesoap="http://xml.apache.org/xml-soap"
       xmlns:tns="http://www.credito.com.br/restricao/wsdl"
       xmlns:trn="http://www.credito.com.br/restricao/schema"
       xmlns:wsdl="http://schemas.xmlsoap.org/wsdl/"
       xmlns:wsdlsoap="http://schemas.xmlsoap.org/wsdl/soap/"
       xmlns:xsd="http://www.w3.org/2001/XMLSchema">

   <wsdl:types>
    <schema elementFormDefault="qualified"
           targetNamespace="http://www.credito.com.br/restricao/wsdl"
           xmlns="http://www.w3.org/2001/XMLSchema">
       <import namespace="http://www.credito.com.br/restricao/schema"
                    schemaLocation="restricao.xsd"/>
    </schema>
   </wsdl:types>


   <wsdl:message name="consultaRestricoesRequestMessage">
     <wsdl:part element="trn:cpf" name="RequestParameter" />
   </wsdl:message>


   <wsdl:message name="consultaRestricoesResponseMessage">
     <wsdl:part element="trn:respostaConsulta" name="ResponseParameter" />
   </wsdl:message>


   <wsdl:portType name="ConsultaRestricoesInterface">
     <wsdl:operation name="consultaRestricoes">
       <wsdl:input message="tns:consultaRestricoesRequestMessage" />
       <wsdl:output message="tns:consultaRestricoesResponseMessage"/>
    </wsdl:operation>
   </wsdl:portType>
</wsdl:definitions>
```

Figura 8.12: Listagem XML do WSDL da Figura 8.11

Vale ressaltar que este WSDL está definido no *namespace* http://www.credito.com.br/restricao/wsdl. Observe também o reuso do *schema* http://www.credito.com.br/restricao/schema. Além disso, a mensagem `consultaRestricoes` possui uma mensagem de entrada e uma de saída, diferentemente da operação `solicitaCartao` que possuía apenas entrada.

As Figuras 8.13 e 10.14 contêm as definições concretas por parte do Órgão Federal e Estadual, respectivamente. As listagens estão nas Figuras 10.15 e 10.16.

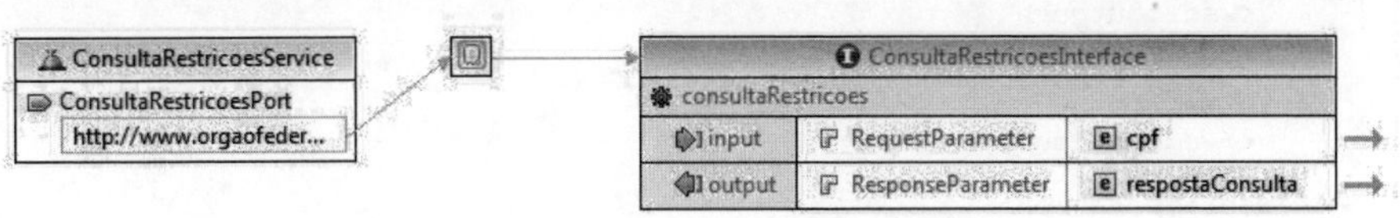

Figura 8.13: Definições concretas do Órgão Federal

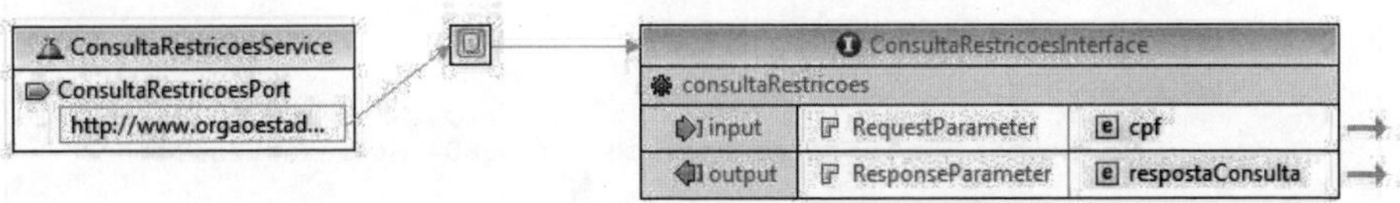

Figura 8.14: Definições concretas do Órgão Estadual

```
<wsdl:definitions
        targetNamespace="http://www.orgaofederal.com.br/restricao/wsdl"
        xmlns:rstr="http://www.credito.com.br/restricao/wsdl"
        xmlns:tns="http://www.orgaofederal.com.br/restricao/wsdl"
        xmlns:wsdl="http://schemas.xmlsoap.org/wsdl/"
        xmlns:wsdlsoap="http://schemas.xmlsoap.org/wsdl/soap/"
        xmlns:xsd="http://www.w3.org/2001/XMLSchema">
        wsdl:import namespace="http://www.credito.com.br/restricao/wsdl"
                    location="restricao.wsdl" />

    <wsdl:binding name="ConsultaRestricoesBinding"

                    type="rstr:ConsultaRestricoesInterface">
```

```
      <wsdlsoap:binding style="document"
                        transport="http://schemas.xmlsoap.org/soap/http"/>
      <wsdl:operation name="consultaRestricoes">
        <wsdlsoap:operation
                     soapAction="http://www.orgaofederal.com.br/soapaction"/>
        <wsdl:input>
               <wsdlsoap:body use="literal" />
        </wsdl:input>
        <wsdl:output>
               <wsdlsoap:body use="literal" />
        </wsdl:output>
     </wsdl:operation>
    </wsdl:binding>
    <wsdl:service name="ConsultaRestricoesService">
        <wsdl:port binding="tns:ConsultaRestricoesBinding"
                  name="ConsultaRestricoesPort">
        <wsdlsoap:address location=
               "http://www.orgaofederal.com.br:8080/servicos/restricoes"/>
     </wsdl:port>
    </wsdl:service>
</wsdl:definitions>
```

Figura 8.15: Listagem XML do WSDL da Figura 8.13

```
<?xml version="1.0" encoding="UTF-8"?>
<wsdl:definitions
       targetNamespace="http://www.orgaoestadual.com.br/restricao/wsdl"
       xmlns:rstr="http://www.credito.com.br/restricao/wsdl"
       xmlns:tns="http://www.orgaoestadual.com.br/restricao/wsdl"
       xmlns:wsdl="http://schemas.xmlsoap.org/wsdl/"
       xmlns:wsdlsoap="http://schemas.xmlsoap.org/wsdl/soap/"
       xmlns:xsd="http://www.w3.org/2001/XMLSchema">
```

```
   <wsdl:import namespace="http://www.credito.com.br/restricao/wsdl"
                location="restricao.wsdl" />


   <wsdl:binding name="ConsultaRestricoesBinding"
                type="rstr:ConsultaRestricoesInterface">
       <wsdlsoap:binding style="document"
                        transport="http://schemas.xmlsoap.org/soap/http"/>
       <wsdl:operation name="consultaRestricoes">
             <wsdlsoap:operation
                 soapAction="http://www.orgaoestadual.com.br/soapaction"/>
             <wsdl:input>
                   <wsdlsoap:body use="literal" />
             </wsdl:input>
             <wsdl:output>
                   <wsdlsoap:body use="literal" />
             </wsdl:output>
       </wsdl:operation>
    </wsdl:binding>


    <wsdl:service name="ConsultaRestricoesService">
       <wsdl:port binding="tns:ConsltaRestricoesBinding"
                 name="ConsultaRestricoesPort">
             <wsdlsoap:address location=
              "http://www.orgaoestadual.com.br:8080/servicos/restricoes"/>
    </wsdl:port>
   </wsdl:service>


</wsdl:definitions>
```

Figura 8.16: Listagem XML do WSDL da Figura 8.14

Observem que estes WSDL estão definidos em *namespaces* próprios. As definições abstratas, por sua vez, são referenciadas através do prefixo `rstr` e são importadas através da tag `<wsdl:import>`. Estes documentos se restringem então a:

- Associar a interface `rstr:ConsultaRestricoesInterface` ao protocolo SOAP, criando assim os *bindings* `ConsultaRestricoesBinding`;
- Associar este *binding* aos endereços de acesso:
  - http://www.orgaofederal.com.br:8080/servicos/restricoes
  - http://www.orgaoestadual.com.br:8080/servicos/restricoes

Para tornar o exemplo mais interessante, também criamos um WSDL que define uma operação para recebimento do resultado da solicitação no Proponente. No mundo real, esta resposta provavelmente seria enviada através de uma carta tradicional, contendo o cartão de crédito. Todavia, a criação deste serviço servirá para incrementarmos o exemplo e mostrarmos a interação entre os atores em processos de negócio. Desta forma, confira nas Figuras 8.17 e 8.18 o WSDL do Proponente.

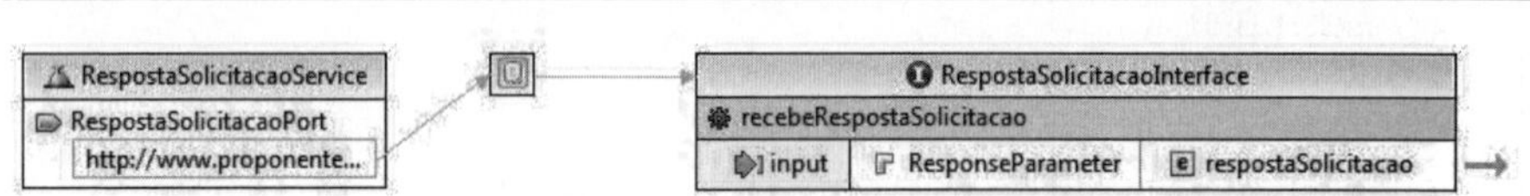

Figura 8.17: WSDL do serviço para recebimento da resposta à solicitação de cartão

```
<?xml version="1.0" encoding="UTF-8"?>
<wsdl:definitions
      targetNamespace="http://www.proponente.com.br/solicitacao/wsdl"
      xmlns:car="http://www.operadora.com.br/cartao/schema"
      xmlns:sol="http://www.operadora.com.br/solicitacao/schema"
      xmlns:tns="http://www.proponente.com.br/solicitacao/wsdl"
      xmlns:wsdl="http://schemas.xmlsoap.org/wsdl/"
      xmlns:wsdlsoap="http://schemas.xmlsoap.org/wsdl/soap/"
```

```
      xmlns:xsd="http://www.w3.org/2001/XMLSchema">


<wsdl:types>
    <schema elementFormDefault="qualified"
      targetNamespace="http://www.proponente.com.br/solicitacao/wsdl"
      xmlns="http://www.w3.org/2001/XMLSchema">
    <import namespace="http://www.operadora.com.br/solicitacao/schema"
              schemaLocation="solicitacao.xsd"/>
    <import namespace="http://www.operadora.com.br/cartao/schema"
              schemaLocation="cartao.xsd"/>
   </schema>
  </wsdl:types>


  <wsdl:message name="solicitaCartaoResponseMessage">
      <wsdl:part element="sol:respostaSolicitacao"
                name="ResponseParameter"/>
  </wsdl:message>


  <wsdl:portType name="RespostaSolicitacaoInterface">
      <wsdl:operation name="recebeRespostaSolicitacao">
  <wsdl:input message="tns:solicitaCartaoResponseMessage" />
</wsdl:operation>
</wsdl:portType>
<wsdl:binding name="RespostaSolicitacaoBinding"
                type="tns:RespostaSolicitacaoInterface">
  <wsdlsoap:binding style="document"
                        transport="http://schemas.xmlsoap.org/soap/http"/>
  <wsdl:operation name="recebeRespostaSolicitacao">
      <wsdlsoap:operation
                  soapAction="http://www.proponente.com.br/soapaction"/>
```

```
        <wsdl:input>
          <wsdlsoap:body use="literal"/>
        </wsdl:input>
      </wsdl:operation>
    </wsdl:binding>

    <wsdl:service name="RespostaSolicitacaoService">
      <wsdl:port binding="tns:RespostaSolicitacaoBinding"
                 name="RespostaSolicitacaoPort">
        <wsdlsoap:address location=
          "http://www.proponente.com.br:8080/servicos/RespostaSolicitacao"/>
      </wsdl:port>
    </wsdl:service>
</wsdl:definitions>
```

Figura 8.18: Listagem XML do WSDL da Figura 8.17

Novamente, não temos muitas novidades. Os *schemas* definidos para a operadora nas seções anteriores são importados e reutilizados. A mensagem `solicitaCartaoResponseMessage` é definida em função do elemento `respostaSolicitacao` do *namespace* "solicitação". Esta mensagem, por sua vez, é o conteúdo enviado como entrada para a operação `recebeRespostaSolicitacao`.

8.4 A Orquestração do Processo em WS-BPEL

Como visto nos capítulos anteriores, a especificação da orquestração de processos de negócio pode ser feita através do WS-BPEL. Nesta seção, vamos criar a orquestração do processo de iniciação ao crédito utilizando esta linguagem.

Para tornar o exemplo mais fácil de apresentar, o processo de negócio foi simplificado conforme a Figura 8.19.

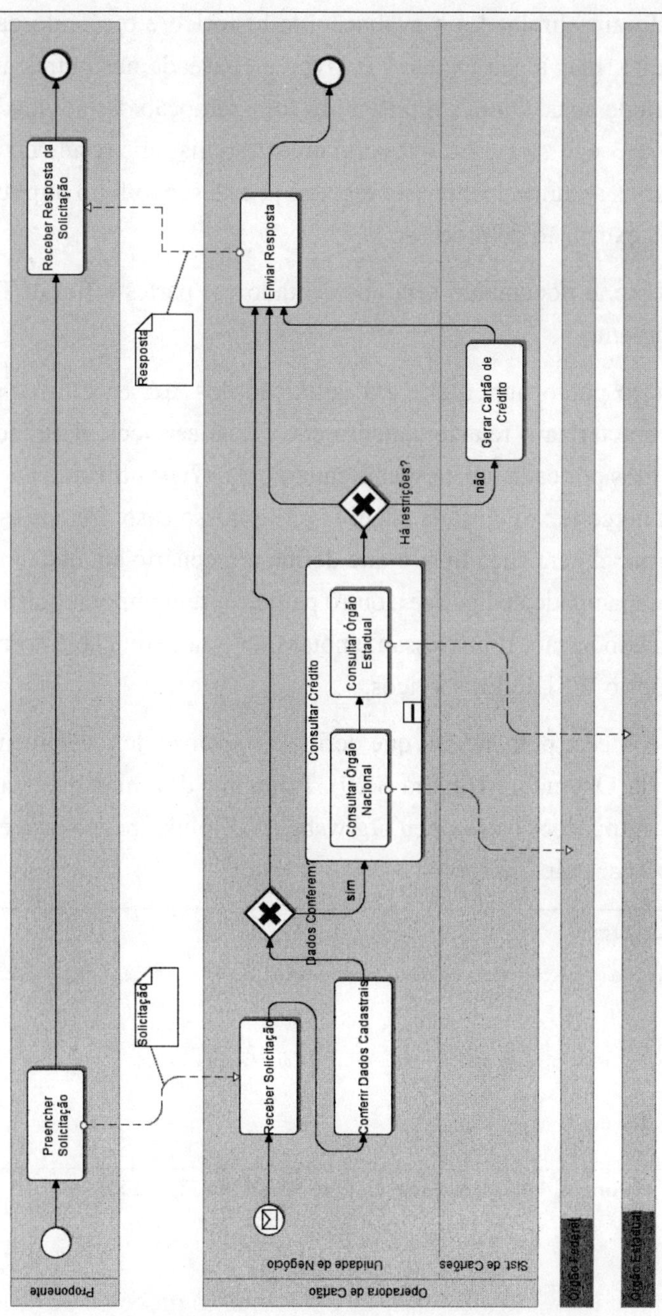

Figura 8.19: Processo de iniciação ao crédito simplificado

Assim, foram eliminadas a avaliação de histórico e o cálculo da pontuação de crédito, mas a sua inclusão é trivial se baseada nas outras atividades que serão modeladas. Outra simplificação foi a remoção das atividades `Negar Proposta` e `Aprovar Proposta`, que serviam para registrar o resultado da solicitação. Estamos assumindo que este registro já está sendo feito implicitamente pela própria execução do processo.

Novamente, o documento será apresentado em partes a fim de facilitar o seu entendimento.

O primeiro ponto importante é a definição dos `<partnerLinkType>`. Este elemento caracteriza o relacionamento entre dois serviços, definindo os papéis assumidos por cada um e especificando o *portType* utilizado para receber mensagens no contexto de cada papel [1]. Em nosso caso, iremos especificar apenas um papel para cada tipo, o que define um cenário em que um parceiro expressa a capacidade de ligar-se a outro parceiro, sem impor requisitos ao outro lado da associação. É interessante notar que esta definição é normalmente feita no próprio WSDL dos serviços.

Vamos começar pelo WSDL que define a operação de recebimento da solicitação pela Operadora (Figura 8.20). Primeiro, devemos declarar o novo *namespace* http://docs.oasis-open.org/wsbpel/2.0/plnktype, no qual é definido o elemento `<partnerLinkType>`.

```
<wsdl:definitions

      targetNamespace="http://www.operadora.com.br/solicitacao/wsdl"

      ...

      xmlns:plnk="http://docs.oasis-open.org/wsbpel/2.0/plnktype"

...
```

Figura 8.20: Definição do novo *namespace* no WSDL da Figura 8.4

Depois, inserimos o novo elemento no próprio corpo do WSDL, conforme destacado na Figura 8.21.

```
</wsdl:service>
   <plnk:partnerLinkType name="SolicitacaoCartaoType">
      <plnk:role name="SolicitacaoCartaoServiceProvider"
                 portType="tns:SolicitacaoCartaoInterface" />
   </plnk:partnerLinkType>
</wsdl:definitions>
```

Figura 8.21: Criação de partnerLinkType no WSDL da Figura 8.4

Aqui definimos um *partnerLinkType* chamado `SolicitacaoCartaoType`, em que existe apenas um papel (`SolicitacaoCartaoServiceProvider`), assumido por quem implementa o *portType* `SolicitacaoCartaoInterface`.

O processo é repetido nos demais WSDLs, conforme listagens nas Figuras 8.22, 8.23 e 8.24, abaixo.

```
<plnk:partnerLinkType name="ConsultaRestricoesFederalType">
   <plnk:role name="ConsultaRestricoesFederalServiceProvider"
              portType="rstr:ConsultaRestricoesInterface" />
</plnk:partnerLinkType>
```

Figura 8.22: Criação de partnerLinkType no WSDL da Figura 8.15

```
<plnk:partnerLinkType name="ConsultaRestricoesEstadualType">
   <plnk:role name="ConsultaRestricoesEstadualServiceProvider"
              portType="rstr:ConsultaRestricoesInterface" />
</plnk:partnerLinkType>
```

Figura 8.23: Criação de partnerLinkType no WSDL da Figura 8.16

```
<plnk:partnerLinkType name="RespostaSolicitacaoType">
   <plnk:role name="RespostaSolicitacaoServiceProvider"
              portType="tns:RespostaSolicitacaoInterface" />
</plnk:partnerLinkType>
```

Figura 8.24: Criação de partnerLinkType no WSDL da Figura 8.18

Além disso, definimos um novo WSDL que descreve os serviços expostos por aplicações internas da Operadora de Cartão de Crédito. Observe o esquemático na Figura 8.25 e a listagem correspondente na Figura 8.26.

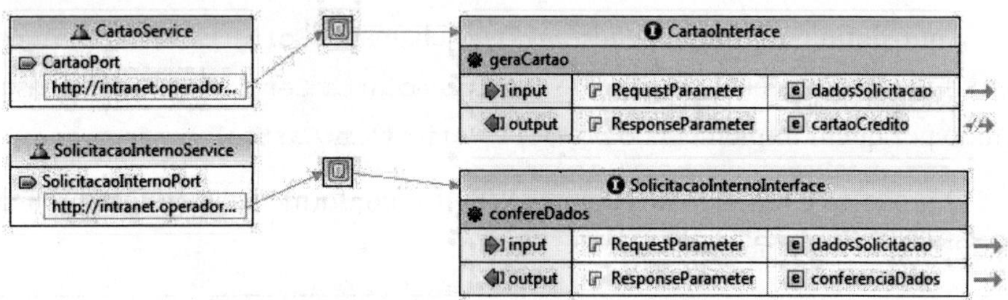

Figura 8.25: WSDL para os serviços internos da Operadora

```
<?xml version="1.0" encoding="UTF-8"?>


<wsdl:definitions
  name="operadora_interno"
  targetNamespace="http://www.operadora.com.br/solicitacao/interno/wsdl"
  xmlns:wsdl="http://schemas.xmlsoap.org/wsdl/"
  xmlns:xsd="http://www.w3.org/2001/XMLSchema"
  xmlns:tns="http://www.operadora.com.br/solicitacao/interno/wsdl"
  xmlns:int="http://www.operadora.com.br/solicitacao/interno/schema"
  xmlns:sol="http://www.operadora.com.br/solicitacao/schema"
  xmlns:car="http://www.operadora.com.br/cartao/schema"
  xmlns:plnk="http://docs.oasis-open.org/wsbpel/2.0/plnktype"
```

```
  xmlns:wsdlsoap="http://schemas.xmlsoap.org/wsdl/soap/">

<wsdl:types>
   <xsd:schema targetNamespace=
            "http://www.operadora.com.br/solicitacao/interno/wsdl">
     <xsd:import namespace=
            "http://www.operadora.com.br/solicitacao/schema"
             schemaLocation="solicitacao.xsd" />
     <xsd:import namespace=
            "http://www.operadora.com.br/solicitacao/interno/schema"
            schemaLocation="interno.xsd"/>
   </xsd:schema>
</wsdl:types>

<wsdl:message name="confereDadosRequestMessage">
   <wsdl:part name="RequestParameter" element="sol:dadosSolicitacao"/>
</wsdl:message>
<wsdl:message name="confereDadosResponseMessage">
   <wsdl:part name="ResponseParameter" element="int:conferenciaDados"/>
</wsdl:message>
<wsdl:message name="geraCartaoRequestMessage">
   <wsdl:part name="RequestParameter" element="sol:dadosSolicitacao"/>
</wsdl:message>
<wsdl:message name="geraCartaoResponseMessage">
   <wsdl:part name="ResponseParameter" element="car:cartaoCredito" />
</wsdl:message>

<wsdl:portType name="SolicitacaoInternoInterface">
   <wsdl:operation name="confereDados">
      <wsdl:input message="tns:confereDadosRequestMessage"/>
      <wsdl:output message="tns:confereDadosResponseMessage"/>
```

```
    </wsdl:operation>
</wsdl:portType>
<wsdl:portType name="CartaoInterface">
    <wsdl:operation name="geraCartao">
        <wsdl:input message="tns:geraCartaoRequestMessage"/>
        <wsdl:output message="tns:geraCartaoResponseMessage"/>
    </wsdl:operation>
</wsdl:portType>

<wsdl:binding name="SolicitacaoInternoBinding"
                type="tns:SolicitacaoInternoInterface">
    <wsdlsoap:binding style="document"
                    transport="http://schemas.xmlsoap.org/soap/http"/>
    <wsdl:operation name="confereDados">
        <wsdlsoap:operation soapAction="confereDados" />
        <wsdl:input>
            <wsdlsoap:body use="literal"/>
        </wsdl:input>
        <wsdl:output>
            <wsdlsoap:body use="literal"/>
        </wsdl:output>
    </wsdl:operation>
</wsdl:binding>
<wsdl:binding name="CartaoBinding" type="tns:CartaoInterface">
    <wsdlsoap:binding style="document"
                    transport="http://schemas.xmlsoap.org/soap/http"/>
    <wsdl:operation name="geraCartao">
        <wsdlsoap:operation soapAction="geraCartao"/>
        <wsdl:input>
            <wsdlsoap:body use="literal"/>
        </wsdl:input>
```

```
      <wsdl:output>
         <wsdlsoap:body use="literal"/>
      </wsdl:output>
   </wsdl:operation>
</wsdl:binding>

<wsdl:service name="SolicitacaoInternoService">
   <wsdl:port name="SolicitacaoInternoPort"
            binding="tns:SolicitacaoInternoBinding">
      <wsdlsoap:address location=
       "http://intranet.operadora.com.br:8080/servicos/SolicitacaoInterno"/>
   </wsdl:port>
</wsdl:service>
<wsdl:service name="CartaoService">
   <wsdl:port name="CartaoPort" binding="tns:CartaoBinding">
      <wsdlsoap:address location=
              "http://intranet.operadora.com.br:8080/servicos/Cartao" />
      </wsdl:port>
   </wsdl:service>


   <plnk:partnerLinkType name="SolicitacaoInternoType">
      <plnk:role name="SolicitacaoInternoServiceProvider"
            portType="tns:SolicitacaoInternoInterface" />
   </plnk:partnerLinkType>
   <plnk:partnerLinkType name="CartaoType">
      <plnk:role name="CartaoServiceProvider"
              portType="tns:CartaoInterface"/>
   </plnk:partnerLinkType>
</wsdl:definitions>
```

Figura 8.26: Listagem XML do WSDL da Figura 8.25

Os serviços definidos neste WSDL visam implementar as atividades `Conferir Dados` e `Gerar Cartão` do processo de negócio. Eles pertencem a um espaço de nomes interno à operadora e que não são expostos para os clientes. Note também que já foram criados os `<partnerLinkType>` referentes às duas interfaces presentes no documento.

O *schema* referenciado no WSDL pode ser visualizado na Figura 8.27.

```
<?xml version="1.0" ?>
<schema elementFormDefault="qualified"
  targetNamespace="http://www.operadora.com.br/solicitacao/interno/schema"
  xmlns="http://www.w3.org/2001/XMLSchema"
  xmlns:tns="http://www.operadora.com.br/solicitacao/interno/schema"
  xmlns:car="http://www.operadora.com.br/cartao/schema">


  <complexType name="ConferenciaDadosType">
     <sequence>
        <element name="status" nillable="false" type="boolean"/>
        <element name="mensagem" type="string"/>
     </sequence>
   </complexType>


   <element name="conferenciaDados" type="tns:ConferenciaDadosType" />
</schema>
```

Figura 8.27: XML Schema utilizado no WSDL da Figura 8.26

Após esta preparação, podemos partir para a definição do WS-BPEL; para isto, utilizamos como apoio a ferramenta Eclipse junto ao plug-in BPEL Designer [3]. O diagrama da Figura 8.28 mostra uma visão geral do processo. Como se trata de um arquivo longo, veremos novamente o seu XML em partes.

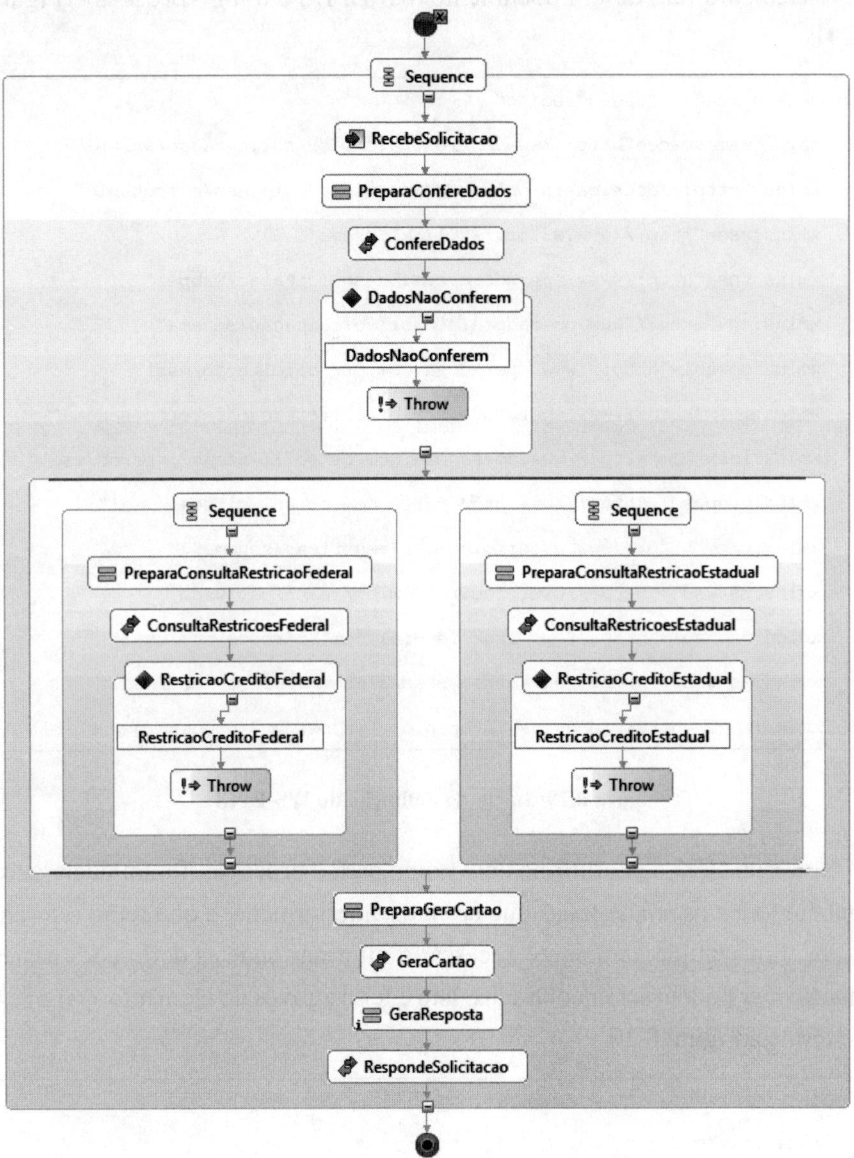

Figura 8.28: WS-BPEL do processo de iniciação ao crédito

O elemento raiz de um documento WS-BPEL é a *tag* <process> (Figura 8.29):

```
<process name="IniciacaoCredito"
    targetNamespace="http://www.operadora.com.br/solicitacao/wsbpel"
    xmlns="http://docs.oasis-open.org/wsbpel/2.0/process/executable"
    xmlns:xsd="http://www.w3.org/2001/XMLSchema"
    xmlns:tns="http://www.operadora.com.br/solicitacao/wsbpel"
    xmlns:op="http://www.operadora.com.br/solicitacao/schema"
    xmlns:opwsdl="http://www.operadora.com.br/solicitacao/wsdl"
    xmlns:int="http://www.operadora.com.br/solicitacao/interno/schema"
    xmlns:intwsdl="http://www.operadora.com.br/solicitacao/interno/wsdl"
    xmlns:propwsdl="http://www.proponente.com.br/solicitacao/wsdl"
    xmlns:rst="http://www.credito.com.br/restricao/schema"
    xmlns:rstwsdl="http://www.credito.com.br/restricao/wsdl"
    xmlns:fedwsdl="http://www.orgaofederal.com.br/restricao/wsdl"
    xmlns:estwsdl="http://www.orgaoestadual.com.br/restricao/wsdl"
    xmlns:bpel="http://docs.oasis-open.org/wsbpel/2.0/process/executable">
```

Figura 8.29: Início da definição do WS-BPEL

Note que além de definirmos um nome para o processo, foram declarados também todos os *namespaces* que criamos anteriormente e que serão referenciados. Em seguida, também é necessário informar onde as definições destes *namespaces* podem ser encontradas. Isto é feito através do elemento <import>, conforme a Figura 8.30.

```
<import importType="http://www.w3.org/2001/XMLSchema"
    location="solicitacao.xsd"
    namespace="http://www.operadora.com.br/solicitacao/schema" />
<import importType="http://schemas.xmlsoap.org/wsdl/"
    location="operadora.wsdl"
    namespace="http://www.operadora.com.br/solicitacao/wsdl" />
```

```
<import importType="http://www.w3.org/2001/XMLSchema"
    location="restricao.xsd"
    namespace="http://www.credito.com.br/restricao/schema" />
<import importType="http://schemas.xmlsoap.org/wsdl/"
    location="restricao.wsdl"
    namespace="http://www.credito.com.br/restricao/wsdl" />
<import importType="http://schemas.xmlsoap.org/wsdl/"
    location="orgao_estadual.wsdl"
    namespace="http://www.orgaoestadual.com.br/restricao/wsdl" />
<import importType="http://schemas.xmlsoap.org/wsdl/"
    location="orgao_federal.wsdl"
    namespace="http://www.orgaofederal.com.br/restricao/wsdl" />
<import importType="http://www.w3.org/2001/XMLSchema"
    location="interno.xsd"
    namespace="http://www.operadora.com.br/solicitacao/interno/schema" />
<import importType="http://schemas.xmlsoap.org/wsdl/"
    location="operadora_interno.wsdl"
    namespace="http://www.operadora.com.br/solicitacao/interno/wsdl" />
<import importType="http://schemas.xmlsoap.org/wsdl/"
    location="proponente.wsdl"
    namespace="http://www.proponente.com.br/solicitacao/wsdl" />
```

Figura 8.30: Importação das definições dos *namespaces*

Em seguida, definimos através do elemento <partnerLink> quais são os serviços com que o processo de negócio interage na Figura 8.31.

```
<partnerLinks>
    <partnerLink name="Interno"
            partnerLinkType="intwsdl:SolicitacaoInternoType"
            partnerRole="SolicitacaoInternoServiceProvider"/>
    <partnerLink name="Cartao"
```

```
                partnerLinkType="intwsdl:CartaoType"
                partnerRole="CartaoServiceProvider"/>
        <partnerLink name="OrgaoEstadual"
                partnerLinkType="estwsdl:ConsultaRestricoesEstadualType"
                partnerRole="ConsultaRestricoesEstadualServiceProvider"/>
        <partnerLink name="OrgaoFederal"
                partnerLinkType="fedwsdl:ConsultaRestricoesFederalType"
                partnerRole="ConsultaRestricoesFederalServiceProvider"/>
        <partnerLink name="Proponente"
                partnerLinkType="propwsdl:RespostaSolicitacaoType"
                partnerRole="RespostaSolicitacaoServiceProvider"/>
        <partnerLink name="client"
                partnerLinkType="opwsdl:SolicitacaoCartaoType"
                myRole="SolicitacaoCartaoServiceProvider" />
</partnerLinks>
```

Figura 8.31: Serviços com os quais o processo de negócio interage

Assim, para este processo são definidos vários parceiros:

- `Interno`, que implementa os serviços internos da Operadora;
- `Cartao`, que implementa o Sistema de Cartões da Operadora;
- `OrgaoEstadual`, que implementa o serviço de verificação de restrições de crédito em nível estadual;
- `OrgaoFederal`, que implementa o serviço de verificação de restrições de crédito em nível federal;
- `Proponente`, que recebe a resposta da solicitação;

Observem que cada definição de parceiro referencia um *partnerLinkType* e um papel que foi criado anteriormente (atributos `partnerLinkType` e `partnerRole`). Já o último *partnerLink* define através do atributo `myRole` um papel que o próprio processo de negócio implementa, exercendo o papel de provedor do serviço de solicitação de cartão.

Em seguida, vem a definição das variáveis que são utilizadas no processo. É de praxe que se declare variáveis para armazenar a requisição e a resposta que é enviada/recebida de cada um dos serviços. Os tipos destas variáveis são as mensagens declaradas nos documentos WSDL correspondentes.

```
<variables>
<variable name="SolicitacaoProponente"
          messageType="opwsdl:solicitaCartaoRequestMessage"/>
<variable name="ConfereDadosRequest"
          messageType="intwsdl:confereDadosRequestMessage"/>
<variable name="ConfereDadosResponse"
          messageType="intwsdl:confereDadosResponseMessage"/>
<variable name="RestricaoFederalRequest"
          messageType="rstwsdl:consultaRestricoesRequestMessage"/>
<variable name="RestricaoFederalResponse"
          messageType="rstwsdl:consultaRestricoesResponseMessage"/>
<variable name="RestricaoEstadualRequest"
          messageType="rstwsdl:consultaRestricoesRequestMessage"/>
<variable name="RestricaoEstadualResponse"
          messageType="rstwsdl:consultaRestricoesResponseMessage"/>
<variable name="GeraCartaoRequest"
          messageType="intwsdl:geraCartaoRequestMessage"/>
<variable name="GeraCartaoResponse"
          messageType="intwsdl:geraCartaoResponseMessage"/>
<variable name="RespostaProponente"
          messageType="propwsdl:solicitaCartaoResponseMessage"/>
</variables>
```

Figura 8.32: Variáveis necessárias para o processo

A partir daí inicia-se a definição da orquestração em si. O elemento <sequence> define um conjunto de atividades que devem ser executadas sequencialmente. Em seguida vem o primeiro passo deste processo, que é o recebimento da solicitação de cartão. Em um documento WS-BPEL indicamos o recebimento de uma mensagem através da atividade <receive>. Observe a Figura 8.33.

```
<sequence>
  <receive name="RecebeSolicitacao" createInstance="yes"
     partnerLink="client"
     portType="opwsdl:SolicitacaoCartaoInterface"
     operation="solicitaCartao"
     variable="SolicitacaoProponente" />
```

Figura 8.33: Início da sequência de atividades e o recebimento da solicitação

O atributo createInstance indica que uma nova instância do processo deve ser criada ao receber esta mensagem; os atributos partnerLink, portType e operation especificam exatamente o papel e o serviço em que a mensagem é recebida. Por fim, o atributo variable diz em qual variável a mensagem recebida é armazenada.

O passo seguinte da sequência é a atividade <assign>, utilizada para iniciar e atribuir valores às variáveis (Figura 8.34).

```
<assign name="PreparaConfereDados">
  <copy>
    <from>$SolicitacaoProponente.RequestParameter</from>
    <to>$ConfereDadosRequest.RequestParameter</to>
  </copy>
</assign>
```

Figura 8.34. Preparação da mensagem para conferência de dados

Neste caso, estamos simplesmente copiando a parte RequestParameter da mensagem recebida do proponente (que está armazenada na variável SolicitacaoProponente), para a parte RequestParameter da variável ConfereDadosRequest.

Esta variável armazena as informações que serão enviadas para o serviço de conferência de dados. O envio é feito através da atividade `<invoke>` que vem a seguir (Figura 8.35).

```
<invoke name="ConfereDados" partnerLink="Interno"

    portType="intwsdl:SolicitacaoInternoInterface"

    operation="confereDados"

    inputVariable="ConfereDadosRequest"

    outputVariable="ConfereDadosResponse"/>
```

Figura 8.35: Envio de mensagem para serviço confereDados

Novamente os atributos `partnerLink`, `portType` e `operation` especificam o serviço que será invocado; por sua vez, as variáveis de entrada/saída são definidas nos atributos `inputVariable` / `outputVariable`, respectivamente. Assim, a resposta desta invocação é armazenada na variável `ConfereDadosResponse`, que é utilizada para a realização de uma checagem através do elemento `<if>` (Figura 8.36).

```
<if name="DadosNaoConferem">

<condition>

<![CDATA[$ConfereDadosResponse.ResponseParameter/int:status = false()]]>

</condition>

<throw faultName="DadosNaoConferemFault" />

</if>
```

Figura 8.36: Verificação da resposta do serviço confereDados

Caso o elemento status da resposta possua o valor *false* (dados não conferem) é lançada uma exceção que chamamos de `DadosNaoConferemFault`. O tratamento destes erros será visto posteriormente.

A atividade seguinte é um elemento `<flow>`, cujo objetivo é especificar comandos que podem ser executados concomitantemente (Figura 8.37).

```
<flow name="ConsultaRestricoes">
  <sequence>
    <assign name="PreparaConsultaRestricaoFederal">
      <copy>
          <from>$SolicitacaoProponente.RequestParameter/op:cpf</from>
          <to>$RestricaoFederalRequest.RequestParameter</to>
      </copy>
     </assign>

     <invoke name="ConsultaRestricoesFederal"
        partnerLink="OrgaoFederal"
        portType="rstwsdl:ConsultaRestricoesInterface"
        operation="consultaRestricoes"
        inputVariable="RestricaoFederalRequest"
        outputVariable="RestricaoFederalResponse"/>

     <if name="RestricaoCreditoFederal">
        <condition>
<![CDATA[$RestricaoFederalResponse.ResponseParameter/rst:restricoes
  = true()]]>
        </condition>
        <throw faultName="RestricaoCreditoFederalFault" />
     </if>
    </sequence>

    <sequence>
     <assign name="PreparaConsultaRestricaoEstadual">
        <copy>
           <from>$SolicitacaoProponente.RequestParameter/op:cpf</from>
           <to>$RestricaoEstadualRequest.RequestParameter</to>
        </copy>
     </assign>
```

```
            <invoke name="ConsultaRestricoesEstadual"
              partnerLink="OrgaoEstadual"
              portType="rstwsdl:ConsultaRestricoesInterface"
              operation="consultaRestricoes"
              inputVariable="RestricaoEstadualRequest"
              outputVariable="RestricaoEstadualResponse"/>

            <if name="RestricaoCreditoEstadual">
              <condition>
<![CDATA[$RestricaoEstadualResponse.ResponseParameter/rst:restricoes
    = true()]]>
              </condition>
              <throw faultName="RestricaoCreditoEstadualFault" />
            </if>
        </sequence>
</flow>
```

Figura 8.37: Consultas de restrições de crédito

No fluxo acima, existem duas sequências (<sequence>) imediatamente aninhadas a <flow>, o que indica que elas poderão ser executadas de forma concorrente e não existe dependência entre elas.

Observe que estas sequências são as verificações de créditos realizadas no Órgão Federal e Estadual. Cada uma delas é composta de três passos principais:

- Atividade <assign>, utilizada para copiar o CPF do proponente para a requisição a ser enviada;
- Atividade <invoke>, utilizada para executar a invocação do serviço propriamente dito;
- Atividade <if>, que verifica se foram retornadas restrições de crédito e, caso positivo, lança uma exceção;

Caso não tenham sido detectadas restrições, o processo segue com a invocação do Sistema de Cartões para a geração do cartão de crédito. Observem na Figura 8.38 que esta chamada segue o mesmo padrão das anteriores: uma atividade <assign> prepara a mensagem a ser enviada e a atividade <invoke> invoca o serviço.

```
<assign name="PreparaGeraCartao">
   <copy>
     <from>$SolicitacaoProponente.RequestParameter</from>
     <to>$GeraCartaoRequest.RequestParameter</to>
   </copy>
</assign>
<invoke name="GeraCartao"
    partnerLink="Cartao"
    portType="intwsdl:CartaoInterface"
    operation="geraCartao"
    inputVariable="GeraCartaoRequest"
    outputVariable="GeraCartaoResponse"/>
```

Figura 8.38: Envio de mensagem para serviço geraCartao

Finalizando a orquestração, o processo prepara a resposta a ser enviada para o proponente e faz a chamada ao serviço que recebe a resposta. Estes passos estão listados na Figura 8.39.

```
<assign name="GeraResposta">
   <copy>
     <from>$SolicitacaoProponente.RequestParameter/op:cpf</from>
     <to>$RespostaProponente.ResponseParameter/op:cpf</to>
   </copy>
   <copy>
     <from><literal>true</literal></from>
     <to>$RespostaProponente.ResponseParameter/op:aprovado</to>
```

```
    </copy>
    <copy>
      <from><literal>Solicitacao Aprovada</literal></from>
      <to>$RespostaProponente.ResponseParameter/op:mensagem</to>
    </copy>
    <copy>
      <from>$GeraCartaoResponse.ResponseParameter</from>
      <to>$RespostaProponente.ResponseParameter/op:cartaoCredito</to>
    </copy>
</assign>

<invoke name="RespondeSolicitacao"
      partnerLink="Proponente"
      operation="recebeRespostaSolicitacao"
      portType="propwsdl:RespostaSolicitacaoInterface"
      inputVariable="RespostaProponente"/>
    </sequence>
</process>
```

Figura 8.39: Envio da resposta ao proponente

Para a montagem da mensagem de envio são utilizados:

- o CPF do proponente, proveniente da mensagem de solicitação original;
- uma literal *boolean* para preencher o elemento aprovado;
- uma literal *String* para preencher o elemento mensagem;
- o cartão de crédito obtido da chamada ao sistema interno.

As duas últimas *tags* </sequence> e </process> finalizam a sequência de comandos e o processo de negócio iniciados.

A última parte deste arquivo WS-BPEL são os tratadores de exceções, que foram omitidos previamente. Declaramos os tratadores de um processo através da *tag* <faultHandlers>. Eles são colocados após a declaração de variáveis e antes de iniciar a descrição da sequência de comandos do processo. A listagem da Figura 8.40 mostra o tratador de evento para o processo de iniciação ao crédito.

```
<faultHandlers>
   <catchAll>
     <sequence>
       <assign name="GeraRespostaNegativa">
         <copy>
             <from>$SolicitacaoProponente.RequestParameter/op:cpf</from>
             <to>$RespostaProponente.ResponseParameter/op:cpf</to>
         </copy>
         <copy>
             <from><literal>false</literal></from>
             <to>$RespostaProponente.ResponseParameter/op:aprovado</to>
         </copy>
         <copy>
             <from><literal>Solicitacao Negada</literal></from>
             <to>$RespostaProponente.ResponseParameter/op:mensagem</to>
         </copy>
       </assign>

       <invoke name="RespondeSolicitacao"
          partnerLink="Proponente"
          operation="recebeRespostaSolicitacao"
          portType="propwsdl:RespostaSolicitacaoInterface"
          inputVariable="RespostaProponente"/>


       </sequence>
     </catchAll>
</faultHandlers>
```

Figura 8.40: Tratadores de exceções do processo de negócio

Note que utilizamos o elemento <catchAll>, que define um tratador para todas as condições de erro que ocorrerem. No WS-BPEL é possível especificar tratadores diferentes para exceções específicas, mas isto não foi feito para manter o exemplo simples. Assim, caso uma exceção ocorra durante a execução do processo é executada a seguinte sequência de comandos:

- Preparação da resposta a ser enviada ao Proponente, feita através da atividade <assign>;
- Invocação do serviço de recebimento da resposta através da atividade <invoke>.

8.5 Coreografia do Processo em WS-CDL

A coreografia de um processo de negócio foca na colaboração entre os seus participantes, descrevendo apenas as mensagens que são trocadas entre os eles, sem se importar com os detalhes internos de implementação de cada participante.

Assim, observe na Figura 8.41 a coreografia do processo de iniciação ao crédito. Nesta seção, iremos descrevê-la utilizando o padrão WS-CDL.

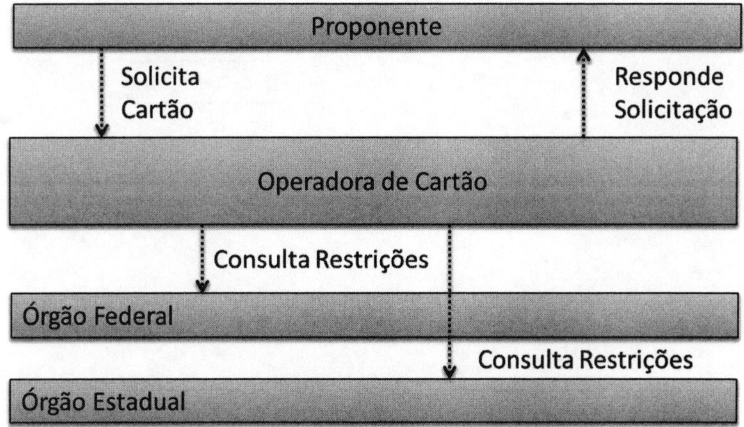

Figura 8.41: Coreografia do processo de negócio

O diagrama da Figura 8.42 foi gerado pela ferramenta Pi4soa [4] e define os papéis, comportamentos e relacionamentos da coreografia. A Figura 8.43, gerada pela mesma ferramenta, mostra as interações e trocas de mensagens. Veremos os detalhes do XML correspondente a estes diagramas em seguida.

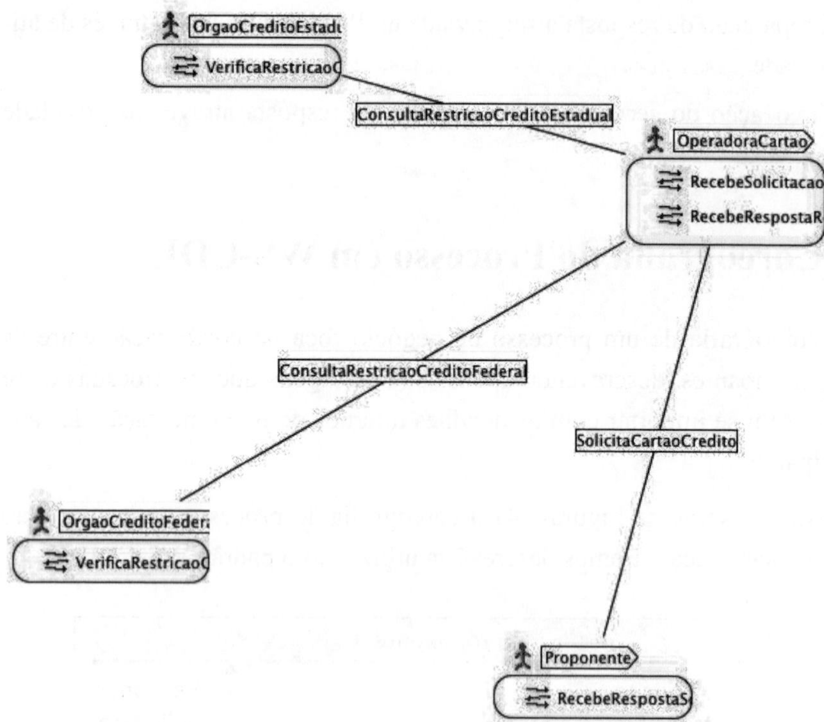

Figura 8.42: Papéis, comportamentos e relacionamentos da coreografia

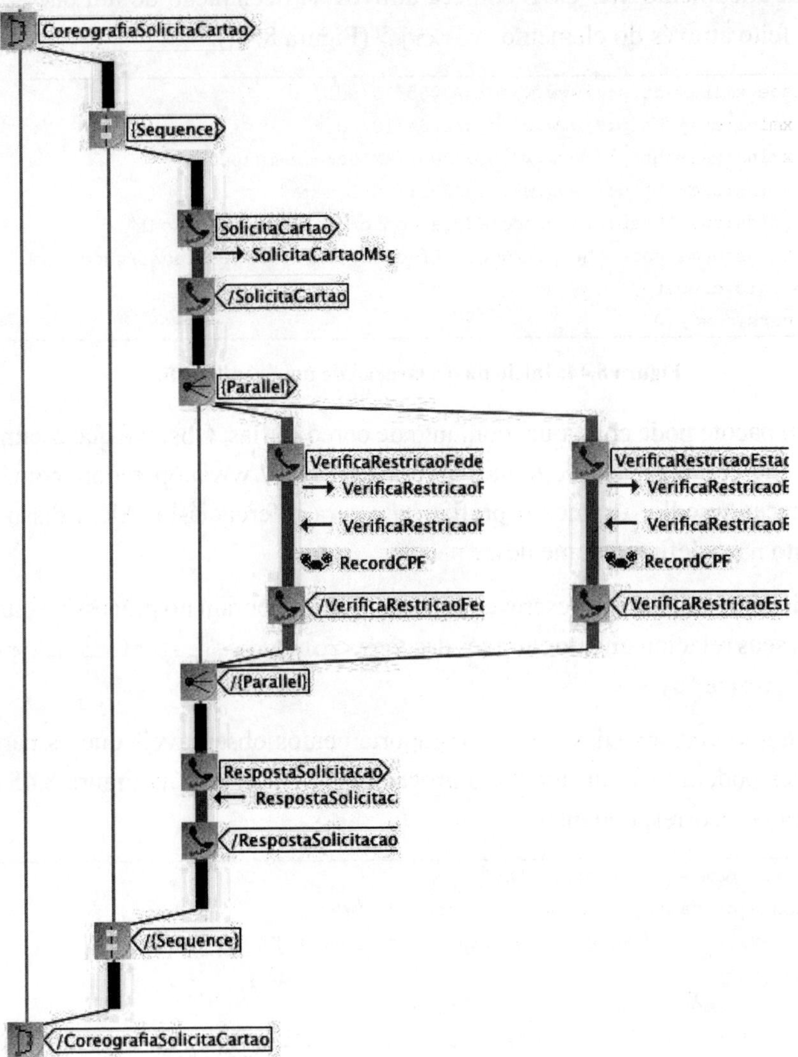

Figura 8.43: Mensagens trocadas pelos participantes

Um documento WS-CDL começa através da declaração de um pacote, o que é feito através do elemento <package> (Figura 8.44).

```
<package xmlns="http://www.w3.org/2005/10/cdl"
      xmlns:cdl="http://www.w3.org/2005/10/cdl"
      xmlns:xsi="http://www.w3.org/2001/XMLSchema-instance"
      xmlns:xsd="http://www.w3.org/2001/XMLSchema"
      xmlns:tns="http://www.operadora.com.br/solicitacao/wscdl"
      targetNamespace="http://www.operadora.com.br/solicitacao/wscdl"
name="inic_credito"
      version="1.0">
```

Figura 8.44: Início da declaração de uma coreografia

Um pacote pode conter um conjunto de coreografias. Observe que estamos definindo como espaço de nomes-alvo a URI http://www.operadora.com.br/solicitacao/wscdl e usamos o prefixo tns para referenciá-lo. Além disso, o atributo name define o nome desse pacote.

Inicialmente, iremos descrever as partes que colaboram no processo e quais são os seus relacionamentos através das *tags* <roleType>, <relationshipType> e <participantType>.

A *tag* <roleType> descreve os comportamentos observáveis que os participantes podem assumir durante o processo [2]. Observem na Figura 8.45 as declarações correspondentes.

```
<roleType name="OperadoraCartao">
   <behavior name="RecebeSolicitacaoCartao"/>
   <behavior name="RecebeRespostaRestricaoCredito"/>
</roleType>
<roleType name="OrgaoCreditoEstadual">
   <behavior name="VerificaRestricaoCreditoEstadual"/>
</roleType>
<roleType name="OrgaoCreditoFederal">
   <behavior name="VerificaRestricaoCreditoFederal"/>
</roleType>
<roleType name="Proponente">
<behavior name="RecebeRespostaSolicitacao"/>
</roleType>
```

Figura 8.45: Declaração dos papéis da coreografia

Notem que em cada <roleType> definimos um papel, e aninhado a cada papel, temos um conjunto de comportamentos associados. Assim, o papel de OperadoraCartao está associado aos comportamentos RecebeSolicitacaoCartao e RecebeRespostaRestricaoCredito, o papel Proponente está associado a RecebeRespostaSolicitacao, e assim por diante.

Em seguida, utilizamos a *tag* <relationshipType> para associar os comportamentos de pares de papéis para que uma a colaboração seja bem-sucedida (Figura 8.46).

```
<relationshipType name="SolicitaCartaoCredito">
   <roleType typeRef="tns:OperadoraCartao"
                behavior="RecebeSolicitacaoCartao" />
<roleType typeRef="tns:Proponente"
                behavior="RecebeRespostaSolicitacao" />
</relationshipType>
<relationshipType name="ConsultaRestricaoCreditoEstadual">
   <roleType typeRef="tns:OperadoraCartao"
                behavior="RecebeRespostaRestricaoCredito" />
   <roleType typeRef="tns:OrgaoCreditoEstadual" />
</relationshipType>
<relationshipType name="ConsultaRestricaoCreditoFederal">
   <roleType typeRef="tns:OperadoraCartao"
                behavior="RecebeRespostaRestricaoCredito" />
   <roleType typeRef="tns:OrgaoCreditoFederal" />
</relationshipType>
```

Figura 8.46: Associações de pares de papéis

Desta maneira, para que exista o relacionamento *SolicitaCartaoCredito* é necessário que exista um participante realizando o comportamento *RecebeSolicitacaoCartao* do papel *OperadoraCartao* e outro realizando o comportamento *RecebeRespostaSolicitacao* no papel de *Proponente*.

Observe nos relacionamentos `ConsultaRestricaoCreditoEstadual` e `ConsultaRestricaoCreditoFederal` que não foi especificado nenhum comportamento para os papéis `OrgaoCreditoEstadual` e `OrgaoCreditoFederal`. Isso implica que todos os comportamentos do papel devem ser realizados para o relacionamento.

Já a *tag* `<participantType>` agrupa papéis que devem ser implementados conjuntamente pelos participantes do processo (Figura 8.47).

```
<participantType name="OperadoraCartaoPartType">
   <roleType typeRef="tns:OperadoraCartao" />
</participantType>
<participantType name="OrgaoCreditoEstadualPartType">
   <roleType typeRef="tns:OrgaoCreditoEstadual" />
</participantType>
<participantType name="OrgaoCreditoFederalPartType">
   <roleType typeRef="tns:OrgaoCreditoFederal" />
</participantType>
<participantType name="ProponentePartType">
   <roleType typeRef="tns:Proponente" />
</participantType>
```

Figura 8.47: Os tipos de participantes da coreografia

Em nosso exemplo, existe um mapeamento um-para-um entre os tipos de participantes e papéis, ou seja, cada participante da coreografia tem apenas um papel. No entanto, imagine que exista uma restrição de negócio que obrigue que apenas uma empresa realize as verificações de restrição de crédito em âmbito nacional e estadual. Neste caso, seria necessário definir um só participante associado aos papéis `OrgaoCreditoEstadual` e `OrgaoCreditoFederal`.

Finalizada a definição dos participantes, outra parte importante de um documento WS-CDL são os elementos que definem as informações necessárias na coreografia e os seus tipos de dados. Isto é feito através das *tags* <informationType>, <token>, <tokenLocator> e <channelType>.

A *tag* <informationType> tem o objetivo de definir os tipos das variáveis e *tokens* da coreografia. Ao definir esta abstração, o WS-CDL evita que os tipos *Schema*/WSDL sejam referenciados diretamente, criando uma espécie de apelido para eles (Figura 8.48).

```
<informationType name="consultaRestricaoCreditoType"
                    type="rstr:consultaRestricoesRequestMessage" />
<informationType name="endType" type="xsd:anyURI"/>
<informationType name="respostaRestricaoCreditoType"
                    type="rstr:consultaRestricoesResponseMessage"/>
<informationType name="respostaSolicitacaoType"
                    type="prop:solicitaCartaoResponseMessage"/>
<informationType name="solicitacaoCartaoType"
                    type="op:solicitaCartaoRequestMessage"/>
<informationType name="solicitacaoIdType" typeName="xsd:string"/>
```

Figura 8.48: Declaração dos tipos das informações da coreografia

Este trecho acima cria um tipo de informação consultaRestricaoCreditoType que referencia consultaRestricoesRequestMessage, que, por sua vez, é a mensagem de entrada para a operação consultaRestricoes (definida nos WSDLs das seções anteriores). Definições análogas são feitas para os tipos respostaRestricaoCreditoType, respostaSolicitacaoType e solicitacaoCartaoType. Note também que:

- endType é um *alias* para xsd:anyURI e será o tipo utilizado para armazenar o endereço de acesso aos participantes;
- solicitacaoIdType é um *alias* para xsd:String e será o tipo utilizado para os identificadores de cada solicitação.

Já a *tag* <token> serve para a definição de *aliases* para dados presentes em mensagens e variáveis e que são relevantes em algum contexto da coreografia. A *tag* <tokenLocator> a acompanha e indica como estes dados são localizados dentro dos tipos definidos. *Tokens* diferenciam-se de variáveis, pois apenas descrevem os dados que são importantes, ao passo que as variáveis armazenam os dados propriamente ditos.

```
<token name="operadoraRef" informationType="tns:endType"/>
<token name="orgaoEstadualRef" informationType="tns:endType"/>
<token name="orgaoFederalRef" informationType="tns:endType"/>
<token name="proponenteRef" informationType="tns:endType"/>
<token name="restricaoId" informationType="tns:solicitacaoIdType"/>
<token name="solicitacaoId" informationType="tns:solicitacaoIdType"/>


<tokenLocator token="tns:restricaoId"
                  informationType="tns:consultaRestricaoCreditoType"
                  query="cpf" />
<tokenLocator token="tns:restricaoId"
                  informationType="tns:respostaRestricaoCreditoType"
                  query="/respostaConsulta/cpf" />
<tokenLocator token="tns:solicitacaoId"
                  informationType="tns:solicitacaoCartaoType"
                  query="/dadosSolicitacao/cpf" />
<tokenLocator token="tns:solicitacaoId"
                  informationType="tns:respostaSolicitacaoType"
                  query="/respostaSolicitacao/cpf" />
```

Figura 8.49: Os *tokens* e seus localizadores

No trecho da Figura 8.49 são criados quatro *tokens* de tipo `tns:endType` que servirão como referências para os participantes do processo. Já os *tokens* `restricaoId` e `solicitacaoId` são os identificadores unívocos de uma solicitação de cartão (e sua resposta) e os identificadores de uma consulta de restrição de crédito (e a resposta).

As *tags* <tokenLocator> descrevem como o *token* tns:restricaoId pode ser encontrado em variáveis de tipo tns:consultaRestricaoCreditoType e tns:respostaRestricaoCreditoType. Note que em ambos os casos este *token* é o CPF da pessoa que está sendo consultada; observe também que na solicitação esta informação está no elemento CPF, e na resposta a informação está no elemento cpf, aninhado ao elemento respostaConsulta.

Analogamente, o *token* tns:solicitacaoId, que representa o identificador de uma solicitação de cartão, também é o CPF do Proponente. No tipo tns:solicitacaoCartaoType este dado está no elemento cpf, aninhado a dadosSolicitacao; na resposta (tns:respostaSolicitacaoType), o dado está no elemento cpf, aninhado em respostaSolicitacao.

Definido os *tokens*, podemos também criar os canais da coreografia através da *tag* <channelType>. Um canal define onde e como as informações são trocadas, indicando um ponto de colaboração entre participantes. Observe a definição dos canais na Figura 8.50.

```
<channelType name="consultaRestricaoEstadualChannelType"
        action="request-respond">
   <roleType typeRef="tns:OrgaoCreditoEstadual"
        behavior="VerificaRestricaoCreditoEstadual" />
   <reference>
     <token name="tns:orgaoEstadualRef" />
   </reference>
   <identity>
      <token name="tns:restricaoId" />
   </identity>
</channelType>
<channelType name="consultaRestricaoFederalChannelType"
              action="request-respond">
   <roleType typeRef="tns:OrgaoCreditoFederal"
             behavior="VerificaRestricaoCreditoFederal" />
   <reference>
```

```
    <token name="tns:orgaoFederalRef" />
  </reference>
  <identity>
    <token name="tns:restricaoId" />
  </identity>
  </channelType>
  <channelType name="recebeRespostaSolicitacaoChannelType"
              action="respond">
    <roleType typeRef="tns:Proponente"
             behavior="RecebeRespostaSolicitacao" />
  <reference>
    <token name="tns:proponenteRef" />
  </reference>
  <identity>
    <token name="tns:solicitacaoId" />
  </identity>
  </channelType>
<channelType name="recebeSolicitacaoCartaoChannelType" action="request">
  <roleType typeRef="tns:OperadoraCartao"
             behavior="RecebeSolicitacaoCartao" />
  <passing channel="tns:recebeRespostaSolicitacaoChannelType"
            action="request" />
  <reference>
    <token name="tns:operadoraRef" />
  </reference>
  <identity>
    <token name="tns:solicitacaoId" />
  </identity>
  </channelType>
```

Figura 8.50: Declaração dos tipos de canais da coreografia

O canal consultaRestricaoEstadualChannelType, do tipo solicitação-resposta, é onde se executa o comportamento VerificaRestricaoCreditoEstadual do papel tns:OrgaoCreditoEstadual. A referência para este canal está no *token* tns:orgaoEstadualRef e a informação que identifica univocamente mensagens neste canal é o *token* tns:restricaoId (que já sabemos tratar-se do elemento cpf). O canal consultaRestricaoFederalChannelType tem definição análoga.

O canal recebeRespostaSolicitacaoChannelType tem como diferença importante o fato de tratar-se de um canal apenas de resposta. Já o canal recebeSolicitacaoCartaoChannelType é um canal somente de solicitação; além disso indicamos através da *tag* <passing> que junto às informações da solicitação é também enviado o canal recebeRespostaSolicitacaoChannelType. Isto significa que na mensagem de solicitação de cartão o Proponente envia também o canal por onde ele deve ser contatado; isto faz sentido se imaginarmos que os Proponentes poderão ser pessoas diferentes, cuja forma de contato pode variar.

Após todas estas definições, podemos finalmente iniciar a descrição da coreografia propriamente dita. A *tag* <choreography> faz isto, conforme trecho na Figura 8.51.

```
<choreography name="SolicitacaoCartaoChoreography" root="true">
```

Figura 8.51: Início da coreografia do processo de iniciação ao crédito

O atributo root indica tratar-se da coreografia raiz do pacote; podemos ter mais de uma coreografia definida no mesmo arquivo, sendo que apenas uma pode ser considerada a raiz.

Em seguida, as *tags* <relationship> referenciam os relacionamentos que devem ser satisfeitos para que a coreografia aconteça (Figura 8.52).

```
<relationship type="tns:ConsultaRestricaoCreditoEstadual" />

<relationship type="tns:ConsultaRestricaoCreditoFederal" />

<relationship type="tns:SolicitaCartaoCredito" />
```

Figura 8.52: Relacionamentos necessários para a coreografia

Note que estamos referenciando os três relacionamentos definidos anteriormente nas *tags* <relationshipType>.

A definição das variáveis utilizadas na coreografia vem a seguir, dentro da *tag* <variableDefinitions> (Figura 8.53).

```
<variableDefinitions>
     <variable name="consultaRestricaoEstadualChannel"
               channelType="tns:consultaRestricaoEstadualChannelType"
               roleTypes="tns:OperadoraCartao tns:OrgaoCreditoEstadual" />
     <variable name="consultaRestricaoFederalChannel"
               channelType="tns:consultaRestricaoFederalChannelType"
               roleTypes="tns:OperadoraCartao tns:OrgaoCreditoFederal" />
     <variable name="cpf"
                informationType="tns:consultaRestricaoCreditoType"
                roleTypes="tns:OperadoraCartao tns:OrgaoCreditoEstadual
                           tns:OrgaoCreditoFederal" />
     <variable name="dadosSolicitacao"
                informationType="tns:solicitacaoCartaoType"
                roleTypes="tns:OperadoraCartao tns:Proponente" />
     <variable name="recebeRespostaSolicitacaoChannel"
                channelType="tns:recebeRespostaSolicitacaoChannelType"
                roleTypes="tns:OperadoraCartao tns:Proponente"/>
     <variable name="recebeSolicitacaoCartaoChannel"
                channelType="tns:recebeSolicitacaoCartaoChannelType"
                roleTypes="tns:OperadoraCartao tns:Proponente"/>
     <variable name="respostaRestricaoEstadual"
                informationType="tns:respostaRestricaoCreditoType"
               roleTypes="tns:OperadoraCartao tns:OrgaoCreditoEstadual" />
     <variable name="respostaRestricaoFederal"
                informationType="tns:respostaRestricaoCreditoType"
                roleTypes="tns:OperadoraCartao tns:OrgaoCreditoFederal" />
     <variable name="respostaSolicitacao"
                informationType="respostaSolicitacaoType"
                roleTypes="tns:OperadoraCartao tns:Proponente"/>
     </variableDefinitions>
```

Figura 8.53: Variáveis utilizadas na coreografia

Observemos que:

- ❖ Foi criada uma variável para cada tipo de canal definido anteriormente. Por exemplo: a variável consultaRestricaoEstadualChannel é do tipo tns:consultaRestricaoEstadualChannelType. Definimos também através do atributo roleTypes em quais papéis a variável deve existir (tns:OperadoraCartao e tns:OrgaoCreditoEstadual, para a variável citada);
- ❖ Existe uma variável cpf para armazenar o CPF do cliente do qual se deseja realizar uma verificação de restrições de crédito;
- ❖ A variável dadosSolicitacao armazena o documento de solicitação de cartão de crédito e a variável respostaSolicitacao armazena a resposta à solicitação.

Em seguida, a *tag* <sequence> indica que uma sequência de passos deve ser realizada na coreografia; o primeiro passo é a interação SolicitaCartao, listada na Figura 8.54.

```
<sequence>
   <interaction name="SolicitaCartao" operation="solicitaCartao"
                channelVariable="tns:recebeSolicitacaoCartaoChannel">
     <participate relationshipType="tns:SolicitaCartaoCredito"
                  fromRoleTypeRef="tns:Proponente"
                  toRoleTypeRef="tns:OperadoraCartao" />
     <exchange name="request"
                  informationType="tns:solicitacaoCartaoType"
                  action="request">
       <send variable="cdl:getVariable('tns:dadosSolicitacao','','')" />
       <receive variable="cdl:getVariable('tns:dadosSolicitacao','','')" />
   </exchange>
</interaction>
```

Figura 8.54: Interação SolicitaCartao

Alguns detalhes interessantes desta interação são os seguintes:

- Esta interação implica a execução da operação `solicitaCartao` no canal armazenado na variável `tns:recebeSolicitacaoCartaoChannel`, como indica os atributos `operation` e `channelVariable` da *tag* `<interaction>`;
- A *tag* `<participate>` indica o relacionamento desta interação (`tns:SolicitaCartaoCredito`), além do papel que a inicia (`tns:Proponente`) e o papel que a recebe (`tns:OperadoraCartao`);
- A *tag* `<exchange>` indica as trocas de mensagens que acontecem; neste caso, existe apenas uma mensagem de requisição, cujo tipo de informação trafegada é `tns:solicitacaoCartaoType`. Além disso, a *tag* `<send>` indica que a variável `tns:dadosSolicitacao` contém no Proponente as informações enviadas e a *tag* `<receive>` informa que a mensagem é armazenada na variável `tns:dadosSolicitacao` na Operadora.

O segundo passo da sequência da coreografia pode ser visualizada na Figura 8.55.

```
<parallel>
   <interaction name="VerificaRestricaoFederal"
                operation="consultaRestricoes"
                channelVariable="tns:consultaRestricaoFederalChannel">
   <participate relationshipType="tns:ConsultaRestricaoCreditoFederal"
                  fromRoleTypeRef="tns:OperadoraCartao"
                  toRoleTypeRef="tns:OrgaoCreditoFederal" />
   <exchange name="request"
               informationType="tns:consultaRestricaoCreditoType"
               action="request">
     <send variable="cdl:getVariable('tns:cpf','','')"
             recordReference="RecordCPF" />
     <receive variable="cdl:getVariable('tns:cpf','','')" />
   </exchange>
```

```
<exchange name="response"
            informationType="tns:respostaRestricaoCreditoType"
            action="response">
  <send variable=
          "cdl:getVariable('tns:respostaRestricaoFederal','','')" />
  <receive variable=
          "cdl:getVariable('tns:respostaRestricaoFederal','','')" />
</exchange>

<record name="RecordCPF" when="before">
  <source variable="cdl:getVariable(
            'tns:dadosSolicitacao','','/dadosSolicitacao/cpf')" />
  <target variable="cdl:getVariable('tns:cpf','','')" />
</record>
</interaction>

<interaction name="VerificaRestricaoEstadual"
             operation="consultaRestricoes"
             channelVariable="tns:consultaRestricaoEstadualChannel">
  <participate relationshipType="tns:ConsultaRestricaoCreditoEstadual"
               fromRoleTypeRef="tns:OperadoraCartao"
               toRoleTypeRef="tns:OrgaoCreditoEstadual" />
  <exchange name="request"
            informationType="tns:consultaRestricaoCreditoType"
            action="request">
    <send variable="cdl:getVariable('tns:cpf','','')"
          recordReference="RecordCPF" />
    <receive variable="cdl:getVariable('tns:cpf','','')" />
  </exchange>
```

```
    <exchange name="response"
                  informationType="tns:respostaRestricaoCreditoType"
                  action="response">
      <send variable=
                  "cdl:getVariable('tns:respostaRestricaoEstadual','','')" />
      <receive variable="cdl:getVariable(
                  'tns:respostaRestricaoEstadual','','')" />
    </exchange>

    <record name="RecordCPF" when="before">
      <source variable="cdl:getVariable(
                  'tns:dadosSolicitacao','','/dadosSolicitacao/cpf')" />
      <target variable="cdl:getVariable('tns:cpf','','')" />
    </record>
  </interaction>
</parallel>
```

Figura 8.55: Interações de Consulta de restrições de crédito

A *tag* `<parallel>` indica que o segundo passo da coreografia trata-se de duas interações em paralelo. Estas interações são as verificações de crédito no órgão nacional e estadual e são similares; assim, vamos nos concentrar apenas na primeira (`VerificaRestricaoFederal`).

A sua estrutura é parecida com a interação anterior; note a existência de duas *tags* <exchange> indicando a solicitação e a resposta. Observe também que a *tag* <send> da primeira troca de mensagem utiliza o atributo `recordReference` para referenciar um registro. Como visto, um registro ajuda a definir ações que são executadas antes do envio ou depois do recebimento com o objetivo de popular variáveis existentes nos participantes.

O registro RecordCPF indica que a variável tns:CPF é populada com o valor do elemento dadosSolicitacao/cpf da variável tns:dadosSolicitacao antes da Operadora de Cartão enviá-la aos Órgãos de verificação de restrições de crédito.

Finalmente, o último passo da sequência da coreografia é mais uma interação, conforme pode ser observado na Figura 8.56. Esta interação é similar à SolicitaCartao e corresponde ao envio da resposta ao Proponente.

```
<interaction name="RespostaSolicitacao"
            operation="recebeRespostaSolicitacao"
            channelVariable="tns:recebeRespostaSolicitacaoChannel">
<participate relationshipType="tns:SolicitaCartaoCredito"
              fromRoleTypeRef="tns:Proponente"
              toRoleTypeRef="tns:OperadoraCartao" />
<exchange name="response"
informationType="tns:respostaSolicitacaoType"
           action="respond">
<send variable="cdl:getVariable('tns:respostaSolicitacao','','')" />
<receive variable=
            "cdl:getVariable('tns:respostaSolicitacao','','')" />
</exchange>
</interaction>
```

Figura 8.56: Envio da resposta ao proponente

Referências

[1] A. Alves *et alii* (Eds.). OASIS Web Services Business Process Execution Language (WS-BPEL). OASIS Standard. Version 2.0, 4/2007, disponível em:http://docs.oasis-open.org/wsbpel/2.0/OS/wsbpel-v2.0-OS.html. Acessado em 2011.

[2] N. Kavantzas *et alii* (Eds.). W3C Web Services Choreography Language (WS-CDL). W3C Working Draft. Version 1.0, 2004, disponível em: http://www.w3.org/TR/2004/WD-ws-cdl-10-20041217/. Acessado em 2011.

[3] BPEL Designer Project, 2010,disponível em: http://www.eclipse.org/bpel/.

[4] Pi Calculus for SOA, 2010.disponível em: http://sourceforge.net/projects/pi4soa/.

9 Conclusões

Sistemas de Gestão de Processos de Negócio (SGPN) são aplicações que permitem a interação entre empresas com infraestruturas de software e hardware diversas. Esse livro se propôs justamente a mostrar como as tecnologias e padrões Web vieram impulsionar essa área. Além disso, mostramos pesquisas mais recentes relacionadas à gerência de QoS e ao estabelecimento de contratos eletrônicos.

O grau de maturidade de SGPN pode ser medido pelo envolvimento das comunidades acadêmicas e industriais. Assim, poderíamos dizer que SGPN já têm um alto grau de maturidade, pois têm sido estudados por algum tempo na academia e estão baseados em tecnologias e padrões Web recentemente desenvolvidos por consórcios industriais. Contudo, esse grau não é tão alto quanto o esperado devido à necessidade de um maior número de ferramentas para Gestão de Processos (GP) [1] que facilitem sua adoção por parte das empresas.

Alguns dos novos rumos e desafios que ainda devem ser enfrentados na pesquisa de SGPN são:

- ❖ Novas arquiteturas: computação em nuvens é um novo paradigma de sistemas distribuídos em que servidores compartilhados oferecem recursos e serviços na Internet. Esse novo paradigma vem sendo adotado em SGPN já que processos de negócio podem ser complexos e requerer provedores de serviços em vários pontos da Internet. Nesse caso, maiores facilidades para acordos dequalidade de serviço são necessários, bem como garantias de segurança;

- Processos flexíveis e adaptáveis devido à complexidade de processos de negócio em que nem todos os caminhos dentro de um processo podem ser modelados. Nesse caso, são necessárias linguagens que modelem os pontos de variabilidade desses processos, que definam como os processos podem se adaptar dinamicamente a novos requisitos de forma correta. Métodos de reuso de processos podem, nesse ponto, auxiliar na modelagem de novos processos diminuindo o tempo de modelagem;
- Facilidade para interação com pessoas: com a tendência de maior participação de pessoas que não são especialistas em TI nos processos de negócio, as ferramentas e suas interfaces para a GP devem ser melhoradas.

Referências

[1] S. Patig; V. Casanova-Brito; B. Vögeli. IT Requirements of Business Process Management.*In*:*Practice – An Empirical Study*, disponível em http://www.bpm2010.org.New Jersey, EUA 2010.

(Footnotes)

1 O serviço recebe uma mensagem, mas não envia resposta.

2 O serviço recebe uma mensagem e envia uma resposta.

3 O serviço envia uma mensagem e recebe uma resposta.

4 O serviço envia uma mensagem, mas não recebe uma resposta.

Impressão e Acabamento
Gráfica Editora Ciência Moderna Ltda.
Tel.: (21) 2201-6662